农业农村部
兰州黄土高原生态环境重点野外科学观测试验站
长期定位观测与研究数据集
（2011—2018）

董鹏程　李润林　主编

中国农业科学技术出版社

图书在版编目(CIP)数据

农业农村部兰州黄土高原生态环境重点野外科学观测试验站长期定位观测与研究数据集. 2011—2018 / 董鹏程，李润林主编. —北京：中国农业科学技术出版社，2020. 8
ISBN 978-7-5116-4984-3

Ⅰ. ①农… Ⅱ. ①董…②李… Ⅲ. ①黄土高原-生态环境-环境监测-兰州-2011-2018 Ⅳ. ①X835

中国版本图书馆 CIP 数据核字(2020)第 167612 号

责任编辑	贺可香
责任校对	马广洋
出 版 者	中国农业科学技术出版社 北京市中关村南大街 12 号 邮编:100081
电 话	(010) 82106638 (编辑室) (010) 82109702 (发行部) (010) 82109709 (读者服务部)
传 真	(010) 82106638
网 址	http://www.castp.cn
经 销 者	各地新华书店
印 刷 者	北京建宏印刷有限公司
开 本	787 mm×1 092 mm 1/16
印 张	14
字 数	360 千字
版 次	2020 年 8 月第 1 版 2020 年 8 月第 1 次印刷
定 价	68.00 元

《农业农村部兰州黄土高原生态环境重点野外科学观测试验站长期定位观测与研究数据集（2011—2018）》

编委会

主　编： 董鹏程　李润林

副主编： 陈　靖　王　瑜　荔　霞　汪晓斌　程胜利

编　者： 毛锦超　熊　琳　李志宏　肖　华　张　茜　罗金印　张建山　宋玉婷　苏　鹏　巩亚东　牛晓荣　杨　晓　曾玉峰　刘丽娟　周　磊

前　言

黄土高原位于我国的北部和西部，东起太行山，西至贺兰山、日月山，南至秦岭，北抵阴山，区域总面积 64.2 万 km^2，是世界上水土流失最严重和生态环境最脆弱的地区之一，地势由西北向东南倾斜，除许多石质山地外，大部分为厚层黄土覆盖，经流水长期强烈侵蚀，逐渐形成千沟万壑、地形支离破碎的特殊自然景观。地貌起伏大，山地、丘陵、平原与宽阔谷地并存，四周为山系所环绕。由于其气候、植被、自然地理上的复杂性，兰州黄土高原在生态系统和物种等多个方面具有非常丰富的生物多样性，其地理区域特征的独特性、生态系统特征的典型性和原生自然环境的相对完整性是研究黄土高原生态系统自然过程以及人类活动影响、开展黄土高原生态和生产综合研究的理想的综合生态单元。

2005 年，农业部（现农业农村部）批准建设“农业部兰州黄土高原生态环境重点野外科学观测试验站”（以下简称试验站），试验站建设在中国农业科学院兰州畜牧与兽药研究所大洼山综合试验基地内。中国农业科学院兰州畜牧与兽药研究所大洼山综合试验基地占地面积 2 368 亩*，始建于 1984 年，目前已逐步建设成为集野外观测、科学实验、技术展示、人才培养于一体的现代化野外科学观测试验站。

2011 年以来，试验站系统收集、整理了 8 年来不同时期开展的黄土高原生态系统观测、调查和实验数据，建立了农业部兰州黄土高原生态系统观测站数据库。多年积累的长期序列资料是黄土高原生态系统基础理论和前沿问题研究的重要基础。试验站对现有数据集进行了整理、评估，把其中最为规范的 2011—2018 年观测数据和实验数据结集出版，希望能够对开展黄土

* 1 亩≈667m^2，15 亩 1hm^2。全书同。

高原生态系统研究的专家有所帮助。在此，向所有参与、支持本书基础数据采集、整理和出版工作的人员表示衷心的感谢！

全书共六章：第一章介绍了观测站的基本情况、观测任务、研究方向、观测研究和数据共享；第二章介绍了地面观测场设施的布置，观测场内仪器设施基本情况、自动气象观测系统、软硬件、日常工作和维护、数据采样和算法以及收集整理的部分气象观测数据；第三章介绍了植被演替概念、植被演替观测场开展的工作、植被演替研究方法、生态学实验数据处理的基本方法、数据的表示和数据的检验；第四章介绍了生物观测场中采集的土壤养分监测数据和生物监测数据以及收集整理的部分土壤盐分和水分数据；第五章介绍了水土流失观测场基本情况、径流场管理维护和数据采集；第六章介绍了空气质量监测的方法和总结整理（2014—2018 年）空气质量指数数据。

限于时间和水平，数据集在编校出版过程中存在的问题希望得到大家的批评与指正！

编　者

2020 年 3 月 1 日

目　　录

第一章 引 言

第一节 试验站简介

试验站2005年由农业部批准建设。2008年顺利通过了重点野外科学观测试验站中期评估，成为农业部第一批合格的野外科学观测试验站。

试验站占地面积1 578 983.4m^2，位于中国农业科学院兰州畜牧与兽药研究所大洼山综合试验基地，地处甘肃省兰州市七里河区彭家坪镇龚家湾村，地理坐标为东经103°45′，北纬36°01′，属于典型的温带大陆性气候，半干旱地区地处季风气候区与非季风气候区的过渡地带，地貌特征属于丘陵区、沟壑区、河谷区和盆地区，生态环境复杂，生态多样性复杂，土壤类型、气候特征具有典型性，设立长期定位观测对研究甘肃省黄土高原与青藏高原过渡区具有重要的科学价值。

根据气象站多年资料统计，试验站内年降水量312mm，年际变化较大，具有明显的周期规律性，雨水集中于7—9月，日最大降水量96.8mm，小时最大降水量52.0mm，10min最大降水量18.6mm，年平均蒸发量1 399mm。

试验站内昼夜温差大，年最低气温在1月中下旬，历年来最低气温为-23.1℃，年最高气温为37.6℃（1997年7月3日），年平均气温4.3℃，平均无霜期154d，最大冻土深度1.03m，最大风速21.4m/s。

试验站内无常年流水河流，试验站南侧有一条较大的横断面呈“U”字形沟谷，北侧有一条断面呈“V”字形的冲沟，两条沟谷常年干涸，仅在暴雨期有少量雨洪下泄。站内地下水类型主要为第四系松散岩类孔隙潜水。

试验站主要为梯级耕地，覆盖层土壤主要以黄绵土为主，分布高程1 600~1 850m的低山丘陵，植被发育良好。试验站地貌类型单一，属黄土梁峁塬地貌，地形起伏较大，东高西低，上下相对较陡，平均坡度为30%~35%。站内大多为台阶状人工梯田，单级陡坎高度7~10m，每级宽度为10~30m。

第二节 基础科研设施

试验站现有野外观测楼等各类建筑面积7 217m^2，其中2 016m^{2}的人工加代气候温室一座，实验检测、观测仪器设备46台（套），水、电、路、渠等基础设施齐全。已建成的气象观测场、生物观测场、植被演替观测场、水土流失观测场等4个长期定位观测场和定位观测数据库、试验研究数据库、视频资料数据库、试验基地本底资料数据库等4个野外观测数据库，维护完好，运行正常，保证了野外观测现场与数据、资料的长期、稳定、连续、准确、规范，实现了野外观测数据的共建、共享、共用。

第三节　观测任务

一、观测任务

试验站面向甘肃省兰州生态环境保护与可持续发展的战略需求，开展黄土高原丘陵区、沟壑区、河谷区和盆地区生态系统结构、功能和演变、生物多样性保护，生物过程、物理过程、化学过程与水文过程相互作用耦合机制的定位观测、试验示范与科学研究；开展草畜生态系统碳循环与区域气候和全球变化的相互作用研究；开展寒生、旱生灌草新品种选育研究与示范；开展黄土高原沟壑区水土流失生态环境保护研究；开展陇中青东丘陵农牧区生态环境研究；使之成为黄土高原与青藏高原过渡区科学研究国际合作与学术交流综合性研究基地。

二、观测项目

按主管机构规定的方法和要求开展的观测项目：

（一）气象站观测的项目

风向、风速、空气温度、空气湿度、大气压力、降水量、空气中的二氧化碳浓度、蒸发量、蒸散、总辐射、光和有效辐射、土壤温度（0cm，10cm，20cm，30cm，40cm，50cm）、土壤水分（10cm，20cm，30cm，40cm，50cm）、土壤盐分、土壤水势等24个野外观测指标。

（二）生态观测的项目

植物种类组成、植物群落特征、土壤养分等野外观测指标。

三、研究方向

第一，开展黄土高原丘陵区、沟壑区、河谷区和盆地区生态系统动力学研究，通过长期气象、水文、生态定位监测，研究生态系统水文过程、土壤过程与生物过程的驱动与反馈机制，建立黄土高原与青藏高原过渡区生态系统动力学模型。

第二，开展黄土高原与青藏高原过渡区生态系统碳、氮、水通量及其耦合循环过程研究。通过长期定位观测、环境控制试验、植被/土壤样带调查、遥感监测，模型模拟等研究方法，探索黄土高原与青藏高原过渡区生态系统碳、氮、水循环及其耦合关系的区域特征及生物与环境调控机制。

第三，开展寒生、旱生灌草新品种选育研究与示范，通过长期定位观测、环境控制试验、植被/土壤样带调查，开展旱生、寒生灌草种质资源的收集、整理、鉴定、新品种选育与开发利用，引种驯化优异灌草野生资源，结合青藏高原和黄土高原的显著地域特色与灌草种质资源优势，培育抗旱、抗寒、抗盐碱和高产的灌草新品种。

第四，开展黄土高原沟壑区水土流失生态环境保护研究，通过长期定位观测、环境控制试验、植被/土壤样带调查、遥感监测，进行生物过程、物理过程和化学过程与水文过程相互作用耦合机制研究，为黄土高原沟壑区水土流失治理提供理论依据。

第五，通过长期定位观测、环境控制试验、植被/土壤样带调查，进行黄土高原丘陵农牧区草地生态定位研究。

四、观测研究和数据共享

建站以来，试验站在长期生态学观测研究和数据积累方面取得了以下几方面的进展。

（一）建立比较完善的黄土高原生态环境长期观测体系

2008年以来，陆续在试验站设立气象观测场、生物观测场、植被演替观测场、水土流失观测场等4个长期定位观测场。开展常规监测，包括气象、土壤、水分、养分等方面的常规性观测和调查。

在常规观测的技术标准与数据规范方面，主要依据国家野外台站网络中心制定的生态系统观测指标与技术规范，数据质量管理规范，信息系统元数据标准等，开展了生态系统水土气生要素的常规观测和数据采集工作。

（二）开展了长期生态学基础理论和应用技术研究

试验站先后承担了国家科技支撑计划“优质抗逆苜蓿新品种选育”、国家自然科学基金面上项目“黄土高原苜蓿碳储量年际变化及固碳机制的研究”、中国农业科学院科技创新工程项目“寒生、旱生灌草新品种选育创新团队”、世界银行贷款甘肃牧业发展项目“野生牧草种质资源应用研究”、中央级公益性科研院所基本科研业务费专项资金项目“野生狼尾草引种驯化与新品种选育”“苜蓿航天诱变新品种选育”“黄花矶松驯化栽培及园林绿化开发应用研究”、甘肃省科技支撑计划“牧草航天诱变品种（系）选育”和兰州市科技计划“黄土高原半干旱荒漠地区盐碱地优良牧草适应性研究及推广”等各类国家部委、甘肃省、中国农业科学院等科研项目的牧草种植栽培与生态观测任务30余项。

（三）建立了兰州黄土高原生态环境长期观测数据库

在开展野外观测的同时，系统整理了试验站观测，调查和实验数据，建立了农业农村部兰州黄土高原生态环境重点野外科学观测试验站观测历史数据库；收集、标准化整理了兰州黄土高原地区定位观测数据库、试验研究数据库、视频资料数据库、试验站本底资料库4个数据库。为黄土高原生态环境基础理论研究、前沿问题研究提供重要基础，对促进多学科交叉研究，特别是重大科学和应用问题的研究具有不可替代的作用。

（四）建成兰州黄土高原生态环境生态学研究的重要野外数据共享平台

为了进一步提高兰州黄土高原生态环境重点野外科学观测试验站数据和资源共享能力，在原有试验站观测研究数据共享基础上，整合其他研究单位来站进行的短期、客座研究和合作研究的数据资源也纳入数据共享范畴，大大拓展了野外数据平台的共享范围，提高利用效率，减少数据资源的重复采集。

目前有来自兰州大学、西北农林科技大学、甘肃农业大学等国内数十家研究机构和高校的研究人员，在试验站开展植物、大气、土壤、水文等各个学科领域的研究工作，并参与了试验站野外数据共享体系建设。

五、数据整理出版说明

农业农村部兰州黄土高原生态环境重点野外科学观测试验站数据集系统收集整理了近几年的观察研究数据，主要包括植被、土壤、水文和气象等方面的常规生态观测数据，长期定位观测数据和短期研究实验数据。为保证出版数据的真实、可靠、准确和规范，在整理出版过程中对这些数据资料进行严格质量控制。兰州黄土高原生态环境重点野外科学观测试验站数据质量控制主要采用一套自动仪器收集数据，数据录入、数据管理、数据使用、数据质量规范，主要提供给中国农业科学院兰州畜牧与兽药研究所人员使用，其中部分气象数据和空气质量数据来源于2345气象预报网站，特此说明。

数据集的出版得益于本站全体人员的共同努力和辛勤工作，其他单位和个人需要使用或参考时，请注明数据来源："农业农村部兰州黄土高原生态环境重点野外科学观测试验站"。

第二章　地面气象观测场

地面气象观测场是取得地面气象资料的主要场所，地点应设在能较好地反映本地较大范围的气象要素特点的地方，避免局部地形的影响。观测场四周必须空旷平坦，避免设在陡坡、洼地或邻近有丛林、铁路、公路、工矿、烟囱、高大建筑物的地方，避开地方性雾、烟等大气污染严重的地方。

第一节　观测场内仪器设施的布置

观测场内仪器设施的布置要注意互不影响，便于观测操作。具体要求如下。

高的仪器设施安置在北边，低的仪器设施安置在南边。

各仪器设施东西排列成行，南北布设成列，相互间东西间隔不小于 4 m，南北间隔不小于 3m，仪器距观测场边缘护栏不小于 3m。

仪器安置在紧靠东西向小路南面，观测员应从北面接近仪器。

辐射观测仪器一般安装在观测场南面，观测仪器感应面不能受任何障碍物影响。

因条件限制不能安装在观测场内的观测仪器，总辐射、直接辐射、散射辐射、日照以及风观测仪器可安装在天空条件符合要求的屋顶平台上，反射辐射和净全辐射观测仪器安装在符合条件的有代表性下垫面的地方。

仪器设备安装和维护、检查按表 2-1 的要求进行。

北回归线以南的地面气象观测站观测场内仪器设施的布置可根据太阳位置的变化进行灵活掌握，使观测员的观测活动尽量减少对观测记录代表性和准确性的影响。

表 2-1　仪器安装要求

仪器	要求与允许误差范围	基准部位
干湿球温度表	高度 150cm±5cm	感应部分中心
最高温度表	高度 153cm±5cm	感应部分中心
最低温度表	高度 152cm±5cm	感应部分中心
温度计	高度 150cm±5cm	感应部分中部
湿度计	在温度计上层横隔板上	
毛发湿度表	上部固定在温度表支架上横梁上	
温湿度传感器	高度 150cm±5cm	感应部分中部

（续表）

仪器	要求与允许误差范围	基准部位
雨量器	高度 70cm±3cm	口缘
虹吸式雨量计	仪器自身高度	
雨量传感器	高度不得低于 70cm	口缘
小型蒸发器	高度 70cm±3cm	口缘
E601B 型蒸发器	高度 30cm±1cm	口缘
地面温度表（传感器）	感应部分和表身埋入土中一半	感应部分中心
地面最高、最低温度表	感应部分和表身埋入土中一半	感应部分中心
曲管地温表（浅层地温传感器）	深度（5cm、10cm、15cm、20cm）±1cm 倾斜角 45°（曲管地温表）±5°	感应部分中心 表身与地面
直管地温表（深层地温传感器）	深度（40cm、80cm）±3cm 深度 160cm±5cm 深度 320cm±10cm	感应部分中心
日照计（传感器）	高度以便于操作为准 纬度以本站纬度为准±0.5° 方位正北±5°	底座南北线
辐射表（传感器）	支架高度 1.50m±10cm 直射、散射辐射表： 方位正北±0.25° 直接辐射表： 纬度以本站纬度为准±0.1°	支架安装面 底座南北线
风速器（传感器）	安装在观测场高 10~12m	风杯中心
风向器（传感器）	安装在观测场高 10~12m 方位正南±5°	风标中心 方位指南杆
定槽水银气压表	高度以便于操作为准	水银槽盒中心
动槽水银气压表	高度以便于操作为准	象牙针尖
气压计（传感器）	高度以便于操作为准	
采集器箱	高度以便于操作为准	

第二节　观测场内仪器设施

一、百叶箱

百叶箱是安装温、湿度仪器用的防护设备，它的内外部分应为白色。百叶箱的作用是防止太阳对仪器的直接辐射和地面对仪器的反射辐射，保护仪器免受强风、雨、雪等的影响，并使仪器感应部分有适当的通风，能真实地感应外界空气温度和湿度的变化。

二、结　构

百叶箱通常由木质和玻璃钢两种材料制成，箱壁两排叶片与水平面的夹角约为45°，呈“人”字形，箱底为中间一块稍高的3块平板，箱顶为两层平板，上层稍向后倾斜。

木制百叶箱分为大小两种：小百叶箱内部高537mm、宽460mm、深290mm，用于安装干球和湿球、最高、最低温度表、毛发湿度表；大百叶箱内部高612mm、宽460mm、深460mm。用于安装温度计、湿度计或铂电阻温度传感器和湿敏电容湿度传感器。

玻璃钢百叶箱内部高615mm、宽470mm、深465mm，用于安装各种温、湿度测量仪器。

三、安　装

百叶箱应水平地固定在一个特制的支架上。支架应牢固的固定在地面或埋入地下，顶端约高出地面125cm；埋入地下的部分，要涂防腐油。架子可用木材、角铁或玻璃钢制成，也可用带底盘的钢制柱体制成。多强风的地方，须在4个箱角拉上铁丝纤绳。箱门朝正北。

四、维　护

百叶箱要保持洁白，木质百叶箱视具体情况每1~3年重新油漆一次，内外箱壁每月至少定期擦洗一次。寒冷季节可用干毛刷刷拭干净。清洗百叶箱的时间以晴天上午为宜，在进行箱内清洗之前，应将仪器全部放入备份百叶箱内，清洗完毕，待百叶箱干燥之后，再将仪器放回。清洗百叶箱不能影响观测和记录。

安装自动站传感器的百叶箱不能用水洗，只能用湿布擦拭或毛刷刷拭，百叶箱内的温、湿传感器也不得移出箱外。

冬季在巡视观测场时，要小心用毛刷把百叶箱顶、箱内和壁缝中的雪和雾凇扫除干净。

百叶箱内不得存放多余的物品。

在人工观测中，箱内靠近箱门处的顶板上，可安装照明用的电灯（不得超过25W），读数时打开，观测后随即关上，以免影响温度，也可以用手电筒照明。

第三节　自动气象观测系统

自动气象观测系统，从狭义上说是指自动气象站，从广义上说是指自动气象站网。自动气象站是一种能自动地观测和存储气象观测数据的设备。

自动气象站网由一个中心站和若干自动气象站通过通信电路组成。

自动气象站有不同的分类方法，按提供数据的时效性，通常分成实时自动气象站和非实时自动气象站两类。

实时自动气象站：能按规定的时间实时提供气象观测数据的自动气象站。

非实时自动气象站：只能定时记录和存储观测数据，但不能实时提供气象观测数据的自动气象站。

根据对自动气象站人工干预情况也可将自动气象站分为有人自动站和无人自动站。

一、结构及工作原理

（一）体系结构

自动气象站由硬件和系统软件组成，硬件包括传感器、采集器、通信接口、系统电源、计算机等，系统软件有采集软件和地面测报业务软件。为了实现组网和远程监控，还须配置远程监控软件，将自动气象站与中心站连接形成自动气象观测系统（图2-1）。

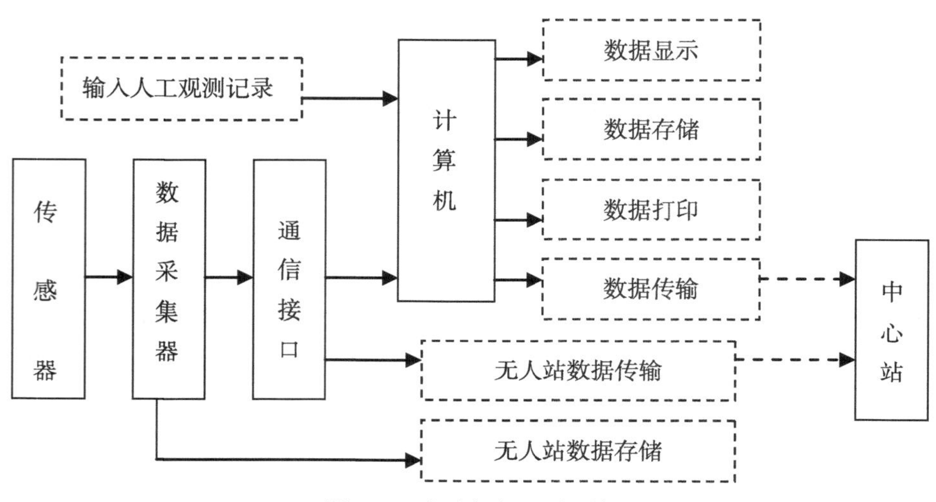

图 2-1　自动气象观测系统

现用自动气象站主要采用集散式和总线式两种体系结构。集散式是通过以 CPU 为核心的采集器集中采集和处理分散配置的各个传感器信号；总线式则是通过总线挂接各种功能模块（板）来采集和处理分散配置的各个传感器信号。

（二）工作原理

随着气象要素值的变化，自动气象站各传感器的感应元件输出的电量产生变化，这种变化量被 CPU 实时控制的数据采集器所采集，经过线性化和定量化处理，实现工程量到要素量的转换，再对数据进行筛选，得出各个气象要素值，并按一定的格式存储在采集器中。

在配有计算机的自动气象站，实时将气象要素值显示在计算机屏幕上，并按规定的格式存储在计算机的硬盘上。在定时观测时刻，还将气象要素值存入规定格式的定时数据文件中。根据业务需要实现各种气象报告的编发，形成各种气象记录报表和气象数据文件。

通过对自动站运行状态数据的分析，实现自动站的远程监控。

二、功　能

自动采集气压、温度、湿度、风向、风速、雨量、蒸发量、日照、辐射、地温等全部或部分气象要素。

按业务需求通过计算机输入人工观测数据。

按《地面气象观测数据文件和记录簿表格式》形成观测数据文件。

第四节　硬　件

自动气象站有多种类型，其结构基本相同，主要由传感器、采集器、系统电源、通信接口及外围设备（计算机、打印机）等组成。

一、传感器

能感受被测气象要素的变化并按一定的规律转换成可用输出信号的器件或装置，通常由敏感元件和转换器组成。

自动气象站常用的传感器有：

气压：振筒式气压传感器、膜盒式电容气压传感器；

气温：铂电阻温度传感器；

湿度：湿敏电容湿度传感器；

风向：单翼风向传感器；

风速：风杯风速传感器；

雨量：翻斗式雨量传感器；

蒸发：超声测距蒸发量传感器；

地温：铂电阻地温传感器；

日照：直接辐射表、双金属片日照传感器。

二、数据采集器

数据采集器是自动气象站的核心，其主要功能是数据采样、数据处理、数据存储及数据传输，其主要技术性能如下。

数据采样速率及算法符合相关的规定。

采集器的电源能保证采集器至少 7 天正常工作，数据存储器至少能存储 3 天的每分钟气压、气温、相对湿度、1 分钟平均风向和风速、降水量和表 2-2 列各项目的每小时正点观测数据，能在计算机中形成规定的数据文件（详见《地面气象观测数据文件和记录簿表格式》）。

表 2-2　每小时正点观测数据

2min 平均风向	露点温度	最低草温/最低雪温
2min 平均风速	本站气压	最低草温/最低雪温出现时间
10min 平均风向	最高本站气压	蒸发量
10min 平均风速	最高本站气压出现时间	日照时数
最大风向	最低本站气压	总辐射曝辐量
最大风速	最低本站气压出现时间	总辐射最大辐照度
最大风速出现时间	地面温度	总辐射最大辐照度出现时间
瞬时风向	地面最高温度	净全辐射曝辐量
瞬时风速	地面最高温度出现时间	净全辐射最大辐照度
降水量	10cm 地温	直接辐射曝辐量
气温	15cm 地温	直接辐射最大辐照度
最高气温	20cm 地温	直接辐射最大辐照度出现时间
最高气温出现时间	40cm 地温	水平直接辐射曝辐量
最低气温	80cm 地温	散射辐射曝辐量
最低气温出现时间	160cm 地温	散射辐射最大辐照度
相对湿度	320cm 地温	散射辐射最大辐照度出现时间
最小相对湿度	草温/雪温	反射辐射曝辐量
最小相对湿度出现时间	最高草温/最高雪温	反射辐射最大辐照度
水汽压	最高草温/最高雪温出现时间	反射辐射最大辐照度出现时间

能直接从数据采集器的显示器上读取以下所需的数据：

可读取瞬时的数据有：风向、风速、气温、相对湿度、本站气压、降水量、各层地温、各种辐射度等。

读取人工编报所需的定时数据有：2h 平均风向、2h 平均风速、气温、露点温度、本站气压、3h 变压、24h 变温、变压、24h 内最高气温、24h 内最低气温、12h 内最低气温、1h 内累计雨量、3h 内累计雨量、6h 内累计雨量、24h 内累计雨量、1h 内风速的风向、1h 内风速、6h 内风速的风向和 6h 内风速。

三、系统电源

自动气象站具备高稳定性、无干扰的系统电源。在有市电的地方，使用市电，并对备用电池浮充电，以备市电出现故障时使用。若使用计算机，则还配备不间断电源（UPS）和后备电池。在无市电的地区，自动气象站可用电池供电，这时，可用辅助电源对电池充电。可作辅助电源的有柴油或汽油发电机、风力发电机、太阳能电池板等。

四、通信接口和外围设备

根据不同的需要，配置的外围设备有计算机、打印机、显示器等。

第五节　系统软件

自动气象站的系统软件包括采集软件和业务软件。

采集软件由厂家提供，写在采集器中。必须遵守本规范及其他气象技术规定。其主要功能如下：

接受和响应业务软件对参数的设置和系统时钟的调整（时钟也可在采集器上直接调整，但必须保证采集器和计算机时钟一致）。

实时和定时采集各传感器的输出信号，经计算、处理形成各气象要素值。

存储、显示和传输各气象要素值。

第六节　采样和算法

一、采　样

自动站的数据采样在采集器中完成，采样顺序：气温、湿度、降水量、风向、风速、气压、地温、辐射、日照、蒸发。

气温、湿度、气压、地温、辐射的采样速率为每分钟 6 次，去掉一个最大值和一个最小值，余下的 4 次采样值求算术平均。每分钟平均值为瞬时值。

风向、风速的采样速率为每秒钟 1 次，求 3s、2min、10min 的滑动平均值，3s 的平均值为瞬时值。

降水量、蒸发量和日照时数的采样速率为每分钟 1 次。

平均值在等时间间隔内取得，时间间隔不能超过传感器的时间常数。各要素的时间常数、采样速率、平均时间详见第三章表 3-1。

二、算　法

（一）平均值

气温、湿度、气压、地温、辐射均为每分钟内有效采样值的算术平均。

风速以 1s 为步长，求 3s 的滑动平均值；以 1s 为步长，求 1min 和 2min 滑动平均风速；以 1min 为步长，求 10min 滑动平均风速。

风向、风速采用滑动平均方法，计算公式为：

$$\overline{Y_n} = K(y_n - \overline{Y_{n-1}}) + \overline{Y}_{n-1} \tag{19.1}$$

$$K=3t/T \tag{19.2}$$

式中 $\overline{Y_n}$：n 个样本值的平均值；$\overline{Y}_{n-1}$：$n-1$ 个样本值的平均值；y_n：第 n 个样本值；t：采样间隔（s）；T：平均区间（s）。

风向过零处理采用以下算法：计算 $y_n - \overline{Y}_{n-1} = E$

若 E>180°，则从 E 中减去 360°；若 E<-180°，则在 E 上加 360°。再用此 E 值重新计算 $\overline{Y_n}$。若新计算的 $\overline{Y_n}$ >360°，则减去 360°；若新计算的 $\overline{Y_n}$ <0°，则加上 360°。

（二）极值选取

最大风速从 10min 平均风速值中选取。

其他要素的极值均从瞬时值中选取。

降水量、日照时数、蒸发量、辐射均计算累计值。

第七节　安　装

一、基本要求

温度、湿度、风向、风速、雨量、蒸发、辐射、地温、日照传感器均按要求安装在观测场规定的位置上，风向、风速传感器也可以安装在屋顶平台上，气压传感器一般安装在数据采集器内。

安装前应认真阅读仪器技术手册，按照要求进行安装。不同型号的自动气象站的数据采集器安装地点不同，可安装在观测场内或观测值班室内。

计算机、打印机及其电源（蓄电池、UPS 电源）等设备均安放在观测值班室内。

传感器和数据采集器用专用电缆连接。

各传感器的安装高度应符合表 2-1 的要求。

二、传感器的安装

各传感器的安装见气象要素的观测中的有关章节。

三、电缆的安装与连接

为了防雷、防鼠、防水和安装、维修方便，自动气象站的电缆应穿入电缆管内，电缆管应安置在电缆沟内。

电缆沟要求便于排水、通风，两侧应砌砖墙，砖墙壁上预设安置电缆管的金属支架（或金属挂钩），为防止电缆被积水浸泡，安置电缆的金属支架（或金属挂钩）距离地沟底的高度以不小于 30cm 为宜；观测场内的电缆沟一般在小路下面，沟上面盖的水泥盖板就是小路的路面，沟的宽度以 30cm 左右为宜，沟的深度以便于安装电缆和防止大雨后积水为宜。

不宜建电缆沟的台站，也可采用埋电缆管和修建电缆井的方法铺设电缆。
电缆不能架空架设。

四、采集器、电源、计算机与打印机等的安装

采集器、电源、计算机与打印机等的安装位置以便于操作为原则。

五、避雷装置

1. 观测场需要安装避雷针。风向、风速传感器应在避雷针的有效保护范围内；
2. 整个自动气象站设备的机壳应连接到接地装置上。室内部分的接地线可连接在市电的地线上，也可接到专门为自动气象站设备做的接地装置上，接地电阻应小于5Ω；连接传感器电缆线的转接盒要有接地装置，接地电阻应小于5Ω；设备接地端与避雷接地网联在一起时，要通过地线等电位连接器连接。

六、软件安装

采集软件已由厂家在设备出厂前安装在采集器中。配备计算机的需安装业务软件，安装方法按照业务软件技术操作手册进行，运行前需进行初始化，初始化的主要内容如下。

对时（设定和修改采集器、计算机时钟）。
设定系统管理权限。
设定气象站基本参数和自动气象站有关参数。

第八节　日常工作

保持自动站设备处于正常连续的运行状态，每小时正点前10min要查看数据采集器的显示屏或计算机显示的实时观测数据是否正常。

每日日出后和日落前应巡视观测场和值班室内的自动气象站设备。巡视的主要内容包括：查看各传感器是否正常、雨量传感器的漏斗有无堵塞、地温传感器的埋置是否正确、风向、风速传感器是否转动灵活、直接辐射表跟踪是否正确等。

自动气象站的定时测定降水量。每日8时、20时仍需人工观测雨量筒的降水量，并记入观测簿中定时降水量栏作为正式记录。

定时输入人工观测记录，通过地面测报业务软件编制或数据文件的制作。
定时数据按观测记录簿格式抄入相应栏中。
每日20时后必须认真检查当日数据是否齐全，并做好当日数据文件的备份。
自动气象站的数据出现缺测时，按规定进行补测。

第九节　维　护

要定期检查维护各要素传感器，检查维护要求详见气象要素的观测中的有关章节。

每周用毛刷清洁采集器、UPS 电源、计算机、打印机。

每月检查各电缆是否有破损，各接线处是否有松动现象。

每月检查供电设施，保证供电安全。

每年春季对防雷设施进行全面检查，对接地电阻进行复测。

每年至少一次对自动气象站的传感器、采集器和整机进行现场检查、校验。

定期按气象计量部门制定的检定规程进行检定。

备份器件、设备要有专人保管，存放地方要符合要求，传感器要完好，不要超检。

定期检查、维护的情况应记入值班日志中，对自动站数据有影响的还要记入备注栏（表 2-3、表 2-4）。

表 2-3　地面气象观测业务准确度要求与常用仪器性能
（摘自 WMO CIMO 指南Ⅵ）

测量要素		测量范围	报告的分辨率	要求的准确度	可达到的业务准确度	传感器时间常数	输出的平均时间	观测/测量方法
温度	气温	-60~+60℃	0.1℃	±0.1℃	±0.2℃	20s	1min	*I*
	气温极值	-60~+60℃	0.1℃	±0.5℃	±0.2℃	20s	1min	
湿度	露点温度	<-60~+35℃	0.1℃	±0.5℃	±0.5℃	20s	1min	*I*
	相对湿度	5%~100%	1%	±3%		湿球温度		
					±0.2℃	20s	1min	
						固态或其他		
					±3%~5%	40s	1min	
大气压	气压	920~1 080hPa	0.1hPa	±0.1hPa	±0.3hPa	20s	1min	*I*
	趋势		0.1hPa	±0.2hPa	±0.2hPa			
风	风向	0~360°	10°	±5%	±5°	1s		*A*
	风速	0~75m/s	0.5m/s	±0.5m/s，≤5m/s；±10m/s，>5m/s	±0.5m/s	距离常数 2~5m	2min 或 10min	
	阵风	5~75m/s	0.5m/s	±10%	±0.5m/s		3s	
降水	降水量	0~>400mm	0.1mm	±0.1mm，≤5mm；±2%，>5mm	±5%			*T*
	雪深	0~10m	1cm	±1cm，≤20cm；±5%，>20cm				*A* *I*

（续表）

测量要素		测量范围	报告的分辨率	要求的准确度	可达到的业务准确度	传感器时间常数	输出的平均时间	观测/测量方法
蒸发	蒸发皿的蒸发量	0~10mm	0.1mm	±0.1mm，≤5mm；±2%，>5mm				*T*
辐射	日照时数	0~24h	0.1h	±0.1h	±0.2%	20s		*T*
	净全辐射		1MJ/（m^2·d）	±0.4MJ/（m^2·d），≤8MJ/（m^2·d）±0.5%，>8MJ/（m^2·d）	±5% *	20s		*T*

注：①测量要素栏中列出的是一些基本量；②测量范围栏中给出的是大多数测量要素的一般变化范围，限区取决于当地的气候条件；③报告的分辨率栏中给出的是电码手册确定的必须遵守的分辨率；④要求的准确度栏中给出的是通常已获使用的推荐的准确度要求。个别应用可以低于严格的要求。要求的准确度的确定值表示报告值相对于真值的不确定度；⑤观测/测量方法栏中：*I* 为排除自然的小尺度变率与噪声，每分钟的平均可作为最小的和最合适的要求，高到 10min 的平均也是可接受的，*A* 为在一个固定的时间间隔内的平均值，*T* 为在一个固定的时间间隔内的总量；⑥ * 表中所列净辐射报告的分辨率仍用原表的数据

表 2-4　自动气象站（2011—2018 年）观测数据

日期（年/月/日）	最高气温（℃）	最低气温（℃）	天气	风向	风力
2011/01/01	-2	-12	多云	无持续风向	微风
2011/01/02	-4	-14	多云	无持续风向	微风
2011/01/03	-5	-13	多云	无持续风向	微风
2011/01/04	-6	-14	多云	无持续风向	微风
2011/01/05	-4	-14	多云	无持续风向	微风
2011/01/06	-4	-13	多云	无持续风向	微风
2011/01/07	-2	-12	多云	无持续风向	微风
2011/01/08	-4	-9	小雪	无持续风向	微风
2011/01/09	-3	-12	小雪转多云	无持续风向	微风
2011/01/10	-3	-12	晴	无持续风向	微风
2011/01/11	-4	-12	多云	无持续风向	微风
2011/01/12	-2	-12	晴	无持续风向	微风
2011/01/13	-2	-13	晴	无持续风向	微风
2011/01/14	-1	-11	晴	无持续风向	微风
2011/01/15	-4	-10	小雪转多云	无持续风向	微风
2011/01/16	-4	-13	阴转多云	无持续风向	微风
2011/01/17	-2	-12	晴	无持续风向	微风
2011/01/18	-3	-11	多云	无持续风向	微风
2011/01/19	-3	-13	多云	无持续风向	微风

（续表）

日期（年/月/日）	最高气温（℃）	最低气温（℃）	天气	风向	风力
2011/01/20	−3	−13	多云	无持续风向	微风
2011/01/21	−2	−11	多云	无持续风向	微风
2011/01/22	−2	−11	晴	无持续风向	微风
2011/01/23	−1	−11	晴	无持续风向	微风
2011/01/24	1	−9	晴	无持续风向	微风
2011/01/25	1	−8	晴	无持续风向	微风
2011/01/26	−1	−7	阴转小雪	北风	微风
2011/01/27	−3	−12	小雪转阴	无持续风向	微风
2011/01/28	−2	−12	晴	无持续风向	微风
2011/01/29	−3	−12	晴	无持续风向	微风
2011/01/30	−1	−13	晴	无持续风向	微风
2011/01/31	1	−11	晴	无持续风向	微风
2011/02/01	5	−12	晴	无持续风向	微风
2011/02/02	5	−9	晴	无持续风向	微风
2011/02/03	8	−8	晴	无持续风向	微风
2011/02/04	10	−7	晴	无持续风向	微风
2011/02/05	11	−4	晴	无持续风向	微风
2011/02/06	12	−4	晴	无持续风向	微风
2011/02/07	8	−3	晴	无持续风向	微风
2011/02/08	9	−4	多云转小雪	无持续风向	微风
2011/02/09	6	−3	阴转多云	无持续风向	微风
2011/02/10	9	−3	晴	无持续风向	微风
2011/02/11	9	−3	多云	无持续风向	微风
2011/02/12	8	−5	多云	无持续风向	微风
2011/02/13	8	−6	晴	无持续风向	微风
2011/02/14	9	−6	晴	无持续风向	微风
2011/02/15	7	−3	多云	无持续风向	微风
2011/02/16	6	−4	晴转多云	无持续风向	微风
2011/02/17	3	−1	多云转小雪	无持续风向	微风
2011/02/18	0	−5	小到中雪转阵雪	无持续风向	微风
2011/02/19	7	−5	晴	无持续风向	微风
2011/02/20	10	−4	晴	无持续风向	微风
2011/02/21	11	−2	晴	无持续风向	微风
2011/02/22	12	−1	晴	无持续风向	微风

（续表）

日期（年/月/日）	最高气温（℃）	最低气温（℃）	天气	风向	风力
2011/02/23	16	0	晴	无持续风向	微风
2011/02/24	16	1	晴转多云	无持续风向	微风
2011/02/25	14	2	多云转阴	无持续风向	微风
2011/02/26	7	−1	阴转小雨	无持续风向	微风
2011/02/27	4	−1	阴转雨夹雪	无持续风向	微风
2011/02/28	−1	−6	雨夹雪	无持续风向	微风
2011/03/01	6	−7	晴转多云	无持续风向	微风
2011/03/02	7	−3	多云转晴	无持续风向	微风
2011/03/03	10	−4	晴转多云	无持续风向	微风
2011/03/04	10	1	多云	无持续风向	微风
2011/03/05	7	−1	多云	无持续风向	微风
2011/03/06	9	−1	多云转晴	无持续风向	微风
2011/03/07	11	−1	晴	无持续风向	微风
2011/03/08	12	0	晴转多云	无持续风向	微风
2011/03/09	10	−1	多云	无持续风向	微风
2011/03/10	11	−2	晴	无持续风向	微风
2011/03/11	13	−1	晴	无持续风向	微风
2011/03/12	19	−1	晴转多云	无持续风向	微风
2011/03/13	9	−3	多云转小雨	无持续风向转北风	微风转3~4级
2011/03/14	−1	−6	小雪转多云	北风	3~4级
2011/03/15	6	−8	晴	无持续风向	微风
2011/03/16	14	−2	晴	无持续风向	微风
2011/03/17	10	−4	晴转多云	无持续风向	微风
2011/03/18	8	−4	多云转雨夹雪	无持续风向	微风
2011/03/19	1	−3	小到中雪	无持续风向	微风
2011/03/20	4	−3	阴转小雪	无持续风向	微风
2011/03/21	2	−6	阴	无持续风向	微风
2011/03/22	6	−4	晴转多云	无持续风向	微风
2011/03/23	6	−4	晴转多云	无持续风向	微风
2011/03/24	7	−3	多云转晴	无持续风向	微风
2011/03/25	9	−2	多云转晴	无持续风向	微风
2011/03/26	12	−2	晴	无持续风向	微风
2011/03/27	15	−1	晴	无持续风向	微风
2011/03/28	15	1	晴	无持续风向	微风

（续表）

日期（年/月/日）	最高气温（℃）	最低气温（℃）	天气	风向	风力
2011/03/29	19	0	晴	无持续风向	微风
2011/03/30	21	4	晴转多云	无持续风向	微风
2011/03/31	16	7	多云	无持续风向	微风
2011/04/01	15	5	多云	无持续风向	微风
2011/04/02	18	5	晴转多云	无持续风向	微风
2011/04/03	18	6	多云	无持续风向	微风
2011/04/04	21	6	多云	无持续风向	微风
2011/04/05	14	5	小雨	无持续风向	微风
2011/04/06	12	3	小雨	无持续风向	微风
2011/04/07	12	1	多云转晴	无持续风向	微风
2011/04/08	15	3	多云转晴	无持续风向	微风
2011/04/09	20	3	晴	无持续风向	微风
2011/04/10	17	6	晴	无持续风向	微风
2011/04/11	22	6	晴	无持续风向	微风
2011/04/12	25	7	晴	无持续风向	微风
2011/04/13	26	9	晴转多云	无持续风向	微风
2011/04/14	22	11	多云转晴	无持续风向	微风
2011/04/15	21	10	多云转晴	无持续风向	微风
2011/04/16	23	8	晴	无持续风向	微风
2011/04/17	22	8	晴	无持续风向	微风
2011/04/18	24	8	晴	无持续风向	微风
2011/04/19	26	10	晴转多云	无持续风向	微风
2011/04/20	25	11	多云	无持续风向	微风
2011/04/21	22	9	多云	北风	4~5 级
2011/04/22	23	8	多云	无持续风向	微风
2011/04/23	24	8	晴	无持续风向	微风
2011/04/24	26	10	晴	无持续风向	微风
2011/04/25	28	11	晴	无持续风向	微风
2011/04/26	27	11	晴	北风	微风
2011/04/27	26	13	晴转阵雨	无持续风向转北风	微风转 4~5 级
2011/04/28	31	14	晴	无持续风向	微风
2011/04/29	23	9	浮尘	北风	3~4 级
2011/04/30	21	11	多云转晴	无持续风向	微风
2011/05/01	21	10	多云	无持续风向	微风

（续表）

日期（年/月/日）	最高气温（℃）	最低气温（℃）	天气	风向	风力
2011/05/02	24	12	晴转多云	无持续风向	微风
2011/05/03	21	10	多云	无持续风向	微风
2011/05/04	26	8	晴	无持续风向	微风
2011/05/05	27	12	晴	无持续风向	微风
2011/05/06	30	16	晴	无持续风向	微风
2011/05/07	31	17	晴转多云	无持续风向	微风
2011/05/08	21	11	小雨	无持续风向	微风
2011/05/09	13	8	小雨	无持续风向	微风
2011/05/10	26	9	多云转阵雨	无持续风向	微风
2011/05/11	12	6	阴转多云	无持续风向	微风
2011/05/12	20	7	多云	无持续风向	微风
2011/05/13	19	7	多云转阵雨	无持续风向	微风
2011/05/14	22	8	晴转多云	无持续风向	微风
2011/05/15	26	11	多云转晴	无持续风向	微风
2011/05/16	28	12	晴	无持续风向	微风
2011/05/17	31	14	晴	无持续风向	微风
2011/05/18	26	12	晴转多云	无持续风向	微风
2011/05/19	26	10	多云转阵雨	无持续风向	微风
2011/05/20	14	8	阴转中雨	无持续风向	微风
2011/05/21	16	6	小雨	无持续风向	微风
2011/05/22	20	8	阴转多云	无持续风向	微风
2011/05/23	24	13	多云	无持续风向	微风
2011/05/24	24	12	多云转晴	无持续风向	微风
2011/05/25	27	13	晴	无持续风向	微风
2011/05/26	28	13	晴	无持续风向	微风
2011/05/27	30	15	晴转多云	无持续风向	微风
2011/05/28	28	13	多云转阵雨	无持续风向	微风
2011/05/29	25	15	阴转多云	无持续风向	微风
2011/05/30	25	14	多云	无持续风向	微风
2011/05/31	28	13	晴	无持续风向	微风
2011/06/01	30	14	晴	无持续风向	微风
2011/06/02	28	13	晴	无持续风向	微风
2011/06/03	28	16	晴	无持续风向	微风
2011/06/04	28	18	阵雨转多云	无持续风向	微风

（续表）

日期（年/月/日）	最高气温（℃）	最低气温（℃）	天气	风向	风力
2011/06/05	29	17	多云转晴	无持续风向	微风
2011/06/06	31	17	晴	无持续风向	微风
2011/06/07	33	19	晴	无持续风向	微风
2011/06/08	27	16	多云转阵雨	无持续风向	微风
2011/06/09	24	15	小雨转多云	无持续风向	微风
2011/06/10	30	16	晴	无持续风向	微风
2011/06/11	31	17	晴	无持续风向	微风
2011/06/12	32	17	晴	无持续风向	微风
2011/06/13	31	19	晴	无持续风向	微风
2011/06/14	34	19	晴	无持续风向	微风
2011/06/15	35	18	晴	无持续风向	微风
2011/06/16	26	16	小雨转中雨	无持续风向	微风
2011/06/17	28	16	晴转多云	无持续风向	微风
2011/06/18	31	19	晴转多云	东南风转无持续风向	3～4级转微风
2011/06/19	26	19	多云转阵雨	无持续风向	微风
2011/06/20	27	18	多云转小雨	无持续风向	微风
2011/06/21	25	16	小雨	无持续风向	微风
2011/06/22	23	16	小雨转多云	无持续风向	微风
2011/06/23	29	16	晴	无持续风向	微风
2011/06/24	33	19	晴转多云	无持续风向	微风
2011/06/25	29	15	阵雨转小雨	无持续风向	微风
2011/06/26	24	12	小雨转多云	无持续风向	微风
2011/06/27	31	15	晴	无持续风向	微风
2011/06/28	34	17	晴转多云	无持续风向	微风
2011/06/29	25	18	小雨	无持续风向	微风
2011/06/30	27	17	多云～阵雨	无持续风向	微风
2011/07/01	24	16	阵雨	无持续风向	微风
2011/07/02	24	16	阵雨	无持续风向	微风
2011/07/03	25	20	多云转阵雨	无持续风向	微风
2011/07/04	22	19	小雨	无持续风向	微风
2011/07/05	21	15	小雨	无持续风向	微风
2011/07/06	25	15	阵雨转多云	无持续风向	微风
2011/07/07	29	16	多云转晴	无持续风向	微风
2011/07/08	31	18	晴	无持续风向	微风

（续表）

日期（年/月/日）	最高气温（℃）	最低气温（℃）	天气	风向	风力
2011/07/09	21	15	阵雨转多云	无持续风向	微风
2011/07/10	26	16	多云	无持续风向	微风
2011/07/11	27	15	多云	无持续风向	微风
2011/07/12	29	17	多云	无持续风向	微风
2011/07/13	30	16	多云转阵雨	无持续风向	微风
2011/07/14	31	17	晴	无持续风向	微风
2011/07/15	34	18	晴	无持续风向	微风
2011/07/16	34	18	晴	无持续风向	微风
2011/07/17	35	18	晴	无持续风向	微风
2011/07/18	34	18	晴	无持续风向	微风
2011/07/19	34	18	晴	无持续风向	微风
2011/07/20	34	19	晴	无持续风向	微风
2011/07/21	33	19	晴	无持续风向	微风
2011/07/22	35	20	晴	无持续风向	微风
2011/07/23	35	20	晴	无持续风向	微风
2011/07/24	34	20	晴	无持续风向	微风
2011/07/25	34	21	晴	无持续风向	微风
2011/07/26	34	20	晴	无持续风向	微风
2011/07/27	34	18	晴转多云	无持续风向	微风
2011/07/28	21	14	小雨转中雨	无持续风向	微风
2011/07/29	25	16	阵雨转多云	无持续风向	微风
2011/07/30	29	17	晴转多云	无持续风向	微风
2011/07/31	28	16	多云	无持续风向	微风
2011/08/01	29	17	晴	无持续风向	微风
2011/08/02	31	16	晴	无持续风向	微风
2011/08/03	29	16	晴转多云	无持续风向	微风
2011/08/04	28	16	多云转阵雨	无持续风向	微风
2011/08/05	31	18	晴	无持续风向	微风
2011/08/06	34	17	晴	无持续风向	微风
2011/08/07	35	18	晴	无持续风向	微风
2011/08/08	36	18	晴	无持续风向	微风
2011/08/09	36	19	晴	无持续风向	微风
2011/08/10	34	19	晴	无持续风向	微风
2011/08/11	35	20	晴	无持续风向	微风

（续表）

日期（年/月/日）	最高气温（℃）	最低气温（℃）	天气	风向	风力
2011/08/12	36	21	晴	无持续风向	微风
2011/08/13	33	22	多云转阵雨	无持续风向	微风
2011/08/14	29	20	阵雨	无持续风向	微风
2011/08/15	25	17	小到中雨	无持续风向	微风
2011/08/16	26	17	小雨	无持续风向	微风
2011/08/17	23	15	小雨	无持续风向	微风
2011/08/18	18	15	小雨	无持续风向	微风
2011/08/19	23	17	多云转小雨	无持续风向	微风
2011/08/20	22	17	多云转小雨	无持续风向	微风
2011/08/21	28	17	阵雨	无持续风向	微风
2011/08/22	24	18	多云	无持续风向	微风
2011/08/23	28	15	多云	无持续风向	微风
2011/08/24	28	15	多云	无持续风向	微风
2011/08/25	29	14	晴	无持续风向	微风
2011/08/26	30	15	晴	无持续风向	微风
2011/08/27	32	16	晴	无持续风向	微风
2011/08/28	32	16	晴	无持续风向	微风
2011/08/29	33	17	晴	无持续风向	微风
2011/08/30	34	18	晴	无持续风向	微风
2011/08/31	33	20	晴	无持续风向	微风
2011/09/01	29	19	多云转阵雨	无持续风向	微风
2011/09/02	24	18	小雨	无持续风向	微风
2011/09/03	23	17	阵雨	无持续风向	微风
2011/09/04	22	16	小雨	无持续风向	微风
2011/09/05	19	15	小雨	无持续风向	微风
2011/09/06	17	14	小雨	无持续风向	微风
2011/09/07	24	13	晴转多云	无持续风向	微风
2011/09/08	24	12	多云转阵雨	无持续风向	微风
2011/09/09	20	11	阵雨	无持续风向	微风
2011/09/10	21	10	多云转阵雨	无持续风向	微风
2011/09/11	23	12	阵雨转多云	无持续风向	微风
2011/09/12	26	14	晴转小雨	无持续风向	微风
2011/09/13	26	13	多云转晴	无持续风向	微风
2011/09/14	28	13	晴	无持续风向	微风

（续表）

日期（年/月/日）	最高气温（℃）	最低气温（℃）	天气	风向	风力
2011/09/15	27	12	多云转阵雨	无持续风向	微风
2011/09/16	18	11	阵雨	无持续风向	微风
2011/09/17	12	8	小雨	无持续风向	微风
2011/09/18	12	7	小雨	无持续风向	微风
2011/09/19	16	10	阵雨	无持续风向	微风
2011/09/20	16	10	阴	无持续风向	微风
2011/09/21	19	11	多云	无持续风向	微风
2011/09/22	16	9	多云	无持续风向	微风
2011/09/23	19	10	多云	无持续风向	微风
2011/09/24	17	11	多云转阵雨	无持续风向	微风
2011/09/25	19	11	多云	无持续风向	微风
2011/09/26	22	11	晴转多云	无持续风向	微风
2011/09/27	16	9	小雨	无持续风向	微风
2011/09/28	16	9	阵雨转多云	无持续风向	微风
2011/09/29	20	9	晴	无持续风向	微风
2011/09/30	22	10	晴转多云	无持续风向	微风
2011/10/01	18	8	多云转小雨	无持续风向	微风
2011/10/02	20	7	多云	无持续风向	微风
2011/10/03	15	8	多云转阵雨	无持续风向	微风
2011/10/04	21	8	多云转晴	无持续风向	微风
2011/10/05	22	8	晴	无持续风向	微风
2011/10/06	25	8	晴	无持续风向	微风
2011/10/07	25	10	晴转多云	无持续风向	微风
2011/10/08	21	11	阵雨转多云	无持续风向	微风
2011/10/09	21	10	多云	无持续风向	微风
2011/10/10	20	10	多云转小雨	无持续风向	微风
2011/10/11	18	8	小雨转阵雨	无持续风向	微风
2011/10/12	16	6	小雨转多云	无持续风向	微风
2011/10/13	16	5	多云转晴	无持续风向	微风
2011/10/14	16	2	晴	无持续风向	微风
2011/10/15	17	3	晴	无持续风向	微风
2011/10/16	18	3	晴	无持续风向	微风
2011/10/17	19	3	晴	无持续风向	微风
2011/10/18	15	5	阵雨转多云	无持续风向	微风

（续表）

日期（年/月/日）	最高气温（℃）	最低气温（℃）	天气	风向	风力
2011/10/19	17	5	多云转晴	无持续风向	微风
2011/10/20	19	6	多云	无持续风向	微风
2011/10/21	17	8	多云转小雨	无持续风向	微风
2011/10/22	13	6	小雨	无持续风向	微风
2011/10/23	15	6	多云	无持续风向	微风
2011/10/24	16	8	晴转多云	无持续风向	微风
2011/10/25	12	6	小雨转多云	无持续风向	微风
2011/10/26	13	6	多云	无持续风向	微风
2011/10/27	15	4	多云	无持续风向	微风
2011/10/28	17	3	晴	无持续风向	微风
2011/10/29	20	3	晴	无持续风向	微风
2011/10/30	19	3	晴	无持续风向	微风
2011/10/31	13	5	小雨转多云	无持续风向	微风
2011/11/01	12	7	多云	无持续风向	微风
2011/11/02	16	8	阴转多云	无持续风向	微风
2011/11/03	12	6	小雨	无持续风向	微风
2011/11/04	12	6	多云	无持续风向	微风
2011/11/05	15	8	晴转多云	无持续风向	微风
2011/11/06	12	5	多云转小雨	无持续风向	微风
2011/11/07	11	0	小雨转多云	无持续风向	微风
2011/11/08	14	1	晴	无持续风向	微风
2011/11/09	14	0	晴	无持续风向	微风
2011/11/10	15	0	晴	无持续风向	微风
2011/11/11	11	3	多云	无持续风向	微风
2011/11/12	10	1	多云转晴	无持续风向	微风
2011/11/13	12	0	多云转晴	无持续风向	微风
2011/11/14	13	1	多云	无持续风向	微风
2011/11/15	14	2	晴转多云	无持续风向	微风
2011/11/16	12	1	晴转多云	无持续风向	微风
2011/11/17	9	0	晴转多云	无持续风向	微风
2011/11/18	8	−2	晴	无持续风向	微风
2011/11/19	10	−1	晴	无持续风向	微风
2011/11/20	11	−1	晴	无持续风向	微风
2011/11/21	10	−1	晴	无持续风向	微风

（续表）

日期（年/月/日）	最高气温（℃）	最低气温（℃）	天气	风向	风力
2011/11/22	11	−1	晴	无持续风向	微风
2011/11/23	13	−1	晴	无持续风向	微风
2011/11/24	13	−1	晴	无持续风向	微风
2011/11/25	15	−1	晴	无持续风向	微风
2011/11/26	12	−1	晴	无持续风向	微风
2011/11/27	12	1	晴转多云	无持续风向	微风
2011/11/28	9	0	多云	无持续风向	微风
2011/11/29	8	−1	多云	无持续风向	微风
2011/11/30	7	−3	晴转多云	无持续风向	微风
2011/12/01	6	−3	多云转晴	无持续风向	微风
2011/12/02	7	−3	晴	无持续风向	微风
2011/12/03	8	−2	晴	无持续风向	微风
2011/12/04	6	−3	晴转多云	无持续风向	微风
2011/12/05	5	−2	多云转阴	无持续风向	微风
2011/12/06	3	−4	小雪	无持续风向	微风
2011/12/07	2	−6	多云转晴	无持续风向	微风
2011/12/08	2	−5	多云	无持续风向	微风
2011/12/09	0	−7	多云转晴	无持续风向	微风
2011/12/10	−1	−10	晴	无持续风向	微风
2011/12/11	1	−9	多云转晴	无持续风向	微风
2011/12/12	0	−9	晴	无持续风向	微风
2011/12/13	0	−10	晴	无持续风向	微风
2011/12/14	0	−9	晴	无持续风向	微风
2011/12/15	0	−8	晴	无持续风向	微风
2011/12/16	2	−8	晴	无持续风向	微风
2011/12/17	0	−8	多云	无持续风向	微风
2011/12/18	2	−8	晴	无持续风向	微风
2011/12/19	2	−7	晴	无持续风向	微风
2011/12/20	2	−7	多云	无持续风向	微风
2011/12/21	−1	−8	多云	无持续风向	微风
2011/12/22	0	−10	晴	无持续风向	微风
2011/12/23	−1	−10	晴	无持续风向	微风
2011/12/24	0	−10	晴	无持续风向	微风
2011/12/25	0	−10	晴转多云	无持续风向	微风

（续表）

日期（年/月/日）	最高气温（℃）	最低气温（℃）	天气	风向	风力
2011/12/26	2	−7	多云	无持续风向	微风
2011/12/27	3	−7	多云转晴	无持续风向	微风
2011/12/28	3	−9	多云转晴	无持续风向	微风
2011/12/29	3	−6	晴	无持续风向	微风
2011/12/30	3	−7	晴	无持续风向	微风
2011/12/31	3	−8	晴	无持续风向	微风
2012/01/01	0	−9	多云转阴	无持续风向	微风
2012/01/02	−3	−13	小雪转多云	无持续风向	微风
2012/01/03	−2	−11	多云转晴	无持续风向	微风
2012/01/04	0	−11	晴	无持续风向	微风
2012/01/05	1	−10	晴	无持续风向	微风
2012/01/06	1	−9	多云	无持续风向	微风
2012/01/07	−1	−9	多云	无持续风向	微风
2012/01/08	1	−8	多云转晴	无持续风向	微风
2012/01/09	1	−6	多云	无持续风向	微风
2012/01/10	0	−9	阴	无持续风向	微风
2012/01/11	1	−8	多云	无持续风向	微风
2012/01/12	1	−9	多云	无持续风向	微风
2012/01/13	0	−9	多云转小雪	无持续风向	微风
2012/01/14	0	−9	多云	无持续风向	微风
2012/01/15	2	−10	晴	无持续风向	微风
2012/01/16	1	−7	多云	无持续风向	微风
2012/01/17	1	−6	多云转小雪	无持续风向	微风
2012/01/18	0	−7	多云转小雪	无持续风向	微风
2012/01/19	−1	−8	小雪	无持续风向	微风
2012/01/20	−3	−9	小雪	无持续风向	微风
2012/01/21	−4	−13	小雪	无持续风向	微风
2012/01/22	−6	−16	阴转多云	无持续风向	微风
2012/01/23	−8	−16	多云	无持续风向	微风
2012/01/24	−6	−16	晴	无持续风向	微风
2012/01/25	−5	−16	晴	无持续风向	微风
2012/01/26	−4	−15	晴	无持续风向	微风
2012/01/27	−3	−13	多云	无持续风向	微风
2012/01/28	0	−10	多云	无持续风向	微风

（续表）

日期（年/月/日）	最高气温（℃）	最低气温（℃）	天气	风向	风力
2012/01/29	0	−9	多云	无持续风向	微风
2012/01/30	3	−8	晴	无持续风向	微风
2012/01/31	5	−9	晴	无持续风向	微风
2012/02/01	1	−8	多云转阴	无持续风向	微风
2012/02/02	2	−8	晴	无持续风向	微风
2012/02/03	1	−8	多云转阴	无持续风向	微风
2012/02/04	2	−8	晴	无持续风向	微风
2012/02/05	4	−8	晴	无持续风向	微风
2012/02/06	4	−9	多云转晴	无持续风向	微风
2012/02/07	4	−7	多云	无持续风向	微风
2012/02/08	1	−8	多云	无持续风向	微风
2012/02/09	0	−10	晴转多云	无持续风向	微风
2012/02/10	0	−10	阴转小雪	无持续风向	微风
2012/02/11	−3	−10	小雪转阴	无持续风向	微风
2012/02/12	0	−10	多云	无持续风向	微风
2012/02/13	1	−10	晴转多云	无持续风向	微风
2012/02/14	4	−6	多云	无持续风向	微风
2012/02/15	5	−6	多云转小雪	无持续风向	微风
2012/02/16	1	−6	多云转小雪	无持续风向	微风
2012/02/17	3	−5	多云	无持续风向	微风
2012/02/18	1	−6	多云转小雪	无持续风向	微风
2012/02/19	1	−6	多云转小雪	无持续风向	微风
2012/02/20	4	−8	晴	无持续风向	微风
2012/02/21	6	−8	晴	无持续风向	微风
2012/02/22	8	−4	晴	无持续风向	微风
2012/02/23	12	−4	晴	无持续风向	微风
2012/02/24	10	0	晴	无持续风向	微风
2012/02/25	6	−2	阴	无持续风向	微风
2012/02/26	4	−2	阴	无持续风向	微风
2012/02/27	3	−3	阴	无持续风向	微风
2012/02/28	5	−5	多云	无持续风向	微风
2012/02/29	8	−5	晴	无持续风向	微风
2012/03/01	6	−1	小雪转多云	无持续风向	微风
2012/03/02	8	−1	多云	无持续风向	微风

（续表）

日期 （年/月/日）	最高气温 （℃）	最低气温 （℃）	天气	风向	风力
2012/03/03	6	−2	小雪转多云	无持续风向	微风
2012/03/04	8	−1	多云转小雪	无持续风向	微风
2012/03/05	4	−3	多云转晴	无持续风向	微风
2012/03/06	5	−2	多云	无持续风向	微风
2012/03/07	4	−3	小雪	无持续风向	微风
2012/03/08	4	−3	小雪转多云	无持续风向	微风
2012/03/09	5	−2	多云	无持续风向	微风
2012/03/10	7	−2	晴转多云	无持续风向	微风
2012/03/11	9	0	多云	无持续风向	微风
2012/03/12	10	1	多云转晴	无持续风向	微风
2012/03/13	13	1	晴	无持续风向	微风
2012/03/14	14	2	多云	无持续风向	微风
2012/03/15	15	2	阴转多云	无持续风向	微风
2012/03/16	15	3	多云转晴	无持续风向	微风
2012/03/17	18	4	晴	无持续风向	微风
2012/03/18	17	5	多云转晴	无持续风向	微风
2012/03/19	17	4	多云	无持续风向	微风
2012/03/20	18	5	晴转多云	无持续风向	微风
2012/03/21	13	4	浮尘转小雨	西北风	3~4 级
2012/03/22	10	0	多云	无持续风向	微风
2012/03/23	11	−2	晴	无持续风向	微风
2012/03/24	16	0	晴	无持续风向	微风
2012/03/25	17	2	晴	无持续风向	微风
2012/03/26	18	3	晴	无持续风向	微风
2012/03/27	19	5	多云转小雨	无持续风向	微风
2012/03/28	18	7	多云	无持续风向	微风
2012/03/29	17	3	多云	东北风	3~4 级
2012/03/30	13	1	多云转晴	东北风	3~4 级
2012/03/31	19	2	晴	无持续风向	微风
2012/04/01	19	5	多云	无持续风向	微风
2012/04/02	13	1	浮尘	西北风	3~4 级
2012/04/03	18	3	晴	北风	3~4 级
2012/04/04	21	8	多云	无持续风向	微风
2012/04/05	20	7	多云转晴	无持续风向	微风

（续表）

日期 （年/月/日）	最高气温 （℃）	最低气温 （℃）	天气	风向	风力
2012/04/06	18	7	多云	无持续风向	微风
2012/04/07	20	7	晴	无持续风向	微风
2012/04/08	21	7	晴转多云	无持续风向	微风
2012/04/09	17	9	小雨转多云	无持续风向	微风
2012/04/10	23	7	晴	无持续风向	微风
2012/04/11	15	3	阴转小雨	西北风	3~4 级
2012/04/12	17	4	多云转晴	无持续风向	微风
2012/04/13	20	3	晴	无持续风向	微风
2012/04/14	22	7	多云	无持续风向	微风
2012/04/15	22	12	多云	无持续风向	微风
2012/04/16	20	9	多云转小雨	无持续风向	微风
2012/04/17	17	8	小雨转多云	无持续风向	微风
2012/04/18	22	22	晴	无持续风向	微风
2012/04/19	20	20	多云	无持续风向	微风
2012/04/20	20	20	多云	无持续风向	微风
2012/04/21	24	24	晴	无持续风向	微风
2012/04/22	28	28	晴	无持续风向	微风
2012/04/23	20	7	多云转扬沙	西北风	3~4 级
2012/04/24	17	4	多云	无持续风向	微风
2012/04/25	20	7	晴	无持续风向	微风
2012/04/26	25	8	晴	无持续风向	微风
2012/04/27	28	11	晴	无持续风向	微风
2012/04/28	28	12	晴	无持续风向	微风
2012/04/29	29	13	晴转多云	无持续风向	微风
2012/04/30	17	9	小雨转多云	无持续风向	微风
2012/05/01	23	12	多云	无持续风向	微风
2012/05/02	22	12	多云转中雨	无持续风向	微风
2012/05/03	20	12	小雨转中雨	无持续风向	微风
2012/05/04	21	12	多云转阵雨	无持续风向	微风
2012/05/05	24	13	多云	无持续风向	微风
2012/05/06	25	15	多云	无持续风向	微风
2012/05/07	26	14	雷阵雨	无持续风向	微风
2012/05/08	26	13	雷阵雨转晴	无持续风向	微风
2012/05/09	28	15	晴	无持续风向	微风

（续表）

日期（年/月/日）	最高气温（℃）	最低气温（℃）	天气	风向	风力
2012/05/10	27	13	晴转中雨	无持续风向	微风
2012/05/11	21	6	多云转阵雨	无持续风向	微风
2012/05/12	20	9	多云	无持续风向	微风
2012/05/13	17	6	多云	无持续风向	微风
2012/05/14	21	10	多云转晴	无持续风向	微风
2012/05/15	25	10	晴	无持续风向	微风
2012/05/16	27	13	晴转多云	无持续风向	微风
2012/05/17	26	12	晴转多云	无持续风向	微风
2012/05/18	30	13	多云	无持续风向	微风
2012/05/19	31	16	晴	无持续风向	微风
2012/05/20	29	13	多云转中雨	无持续风向	微风
2012/05/21	18	10	小雨	无持续风向	微风
2012/05/22	19	9	阵雨	无持续风向	微风
2012/05/23	18	9	阵雨	无持续风向	微风
2012/05/24	19	11	阵雨转多云	无持续风向	微风
2012/05/25	24	11	多云	无持续风向	微风
2012/05/26	27	14	晴	无持续风向	微风
2012/05/27	29	15	晴	无持续风向	微风
2012/05/28	19	12	小到中雨转小雨	无持续风向	微风
2012/05/29	25	12	晴	无持续风向	微风
2012/05/30	26	14	晴	无持续风向	微风
2012/05/31	25	15	多云	无持续风向	微风
2012/06/01	29	15	晴	无持续风向	微风
2012/06/02	29	16	晴转阵雨	无持续风向	微风
2012/06/03	26	16	多云	无持续风向	微风
2012/06/04	28	16	晴转多云	无持续风向	微风
2012/06/05	24	15	阵雨转多云	无持续风向	微风
2012/06/06	25	16	多云	无持续风向	微风
2012/06/07	29	17	晴	无持续风向	微风
2012/06/08	26	16	多云	无持续风向	微风
2012/06/09	29	18	晴转多云	无持续风向	微风
2012/06/10	30	17	多云	无持续风向	微风
2012/06/11	29	16	多云	无持续风向	微风
2012/06/12	30	17	晴	无持续风向	微风

（续表）

日期（年/月/日）	最高气温（℃）	最低气温（℃）	天气	风向	风力
2012/06/13	31	19	晴	无持续风向	微风
2012/06/14	29	18	多云转晴	无持续风向	微风
2012/06/15	29	18	阵雨转多云	无持续风向	微风
2012/06/16	31	17	晴	无持续风向	微风
2012/06/17	31	18	晴	无持续风向	微风
2012/06/18	31	18	多云	无持续风向	微风
2012/06/19	32	18	晴	无持续风向	微风
2012/06/20	32	18	晴	无持续风向	微风
2012/06/21	34	18	晴	无持续风向	微风
2012/06/22	34	19	晴转多云	无持续风向	微风
2012/06/23	34	17	晴转多云	无持续风向	微风
2012/06/24	30	17	多云	无持续风向	微风
2012/06/25	30	18	晴	无持续风向	微风
2012/06/26	31	18	多云转阵雨	无持续风向	微风
2012/06/27	25	17	阵雨转小雨	无持续风向	微风
2012/06/28	24	16	小雨	无持续风向	微风
2012/06/29	24	15	多云	无持续风向	微风
2012/06/30	31	18	晴	无持续风向	微风
2012/07/01	32	19	晴转阵雨	无持续风向	微风
2012/07/02	29	18	多云	无持续风向	微风
2012/07/03	28	18	阵雨	无持续风向	微风
2012/07/04	32	18	晴转阵雨	无持续风向	微风
2012/07/05	34	18	晴	无持续风向	微风
2012/07/06	24	15	小到中雨转中雨	无持续风向	微风
2012/07/07	29	18	多云	无持续风向	微风
2012/07/08	24	17	小雨转多云	无持续风向	微风
2012/07/09	26	17	小雨转晴	无持续风向	微风
2012/07/10	32	20	晴	无持续风向	微风
2012/07/11	27	17	小雨	无持续风向	微风
2012/07/12	28	18	晴转多云	无持续风向	微风
2012/07/13	32	19	多云转晴	无持续风向	微风
2012/07/14	32	19	晴	无持续风向	微风
2012/07/15	32	20	晴	无持续风向	微风
2012/07/16	33	19	晴转多云	无持续风向	微风

（续表）

日期（年/月/日）	最高气温（℃）	最低气温（℃）	天气	风向	风力
2012/07/17	24	17	小雨	无持续风向	微风
2012/07/18	26	19	阵雨	无持续风向	微风
2012/07/19	30	19	多云	无持续风向	微风
2012/07/20	31	19	多云转中雨	无持续风向	微风
2012/07/21	25	17	小雨转阵雨	无持续风向	微风
2012/07/22	29	18	晴	无持续风向	微风
2012/07/23	27	17	阵雨转多云	无持续风向	微风
2012/07/24	28	18	阵雨转多云	无持续风向	微风
2012/07/25	31	20	晴	无持续风向	微风
2012/07/26	30	21	晴转阵雨	无持续风向	微风
2012/07/27	28	21	阵雨转多云	无持续风向	微风
2012/07/28	30	21	雷雨	无持续风向	微风
2012/07/29	31	19	多云	无持续风向	微风
2012/07/30	24	17	中雨转多云	无持续风向	微风
2012/07/31	27	17	阵雨转多云	无持续风向	微风
2012/08/01	30	19	多云转晴	无持续风向	微风
2012/08/02	33	19	晴	无持续风向	微风
2012/08/03	33	19	晴	无持续风向	微风
2012/08/04	32	20	晴	无持续风向	微风
2012/08/05	31	21	多云	无持续风向	微风
2012/08/06	31	19	多云转阵雨	无持续风向	微风
2012/08/07	28	20	阵雨转多云	无持续风向	微风
2012/08/08	29	20	多云转晴	无持续风向	微风
2012/08/09	33	21	晴	无持续风向	微风
2012/08/10	33	22	晴转阵雨	无持续风向	微风
2012/08/11	29	18	阵雨转小雨	无持续风向	微风
2012/08/12	26	19	阴转小雨	无持续风向	微风
2012/08/13	24	20	阵雨	无持续风向	微风
2012/08/14	28	19	多云转晴	无持续风向	微风
2012/08/15	32	21	晴	无持续风向	微风
2012/08/16	27	18	多云转小雨	无持续风向	微风
2012/08/17	22	17	小雨转阵雨	无持续风向	微风
2012/08/18	24	15	阵雨转多云	无持续风向	微风
2012/08/19	28	16	晴	无持续风向	微风

（续表）

日期（年/月/日）	最高气温（℃）	最低气温（℃）	天气	风向	风力
2012/08/20	27	15	多云转阵雨	无持续风向	微风
2012/08/21	28	15	晴转阵雨	无持续风向	微风
2012/08/22	29	14	晴转阵雨	无持续风向	微风
2012/08/23	31	16	晴	无持续风向	微风
2012/08/24	31	17	晴转阵雨	无持续风向	微风
2012/08/25	28	16	阵雨转多云	无持续风向	微风
2012/08/26	31	17	晴转阵雨	无持续风向	微风
2012/08/27	26	16	阵雨转晴	无持续风向	微风
2012/08/28	31	17	晴	无持续风向	微风
2012/08/29	32	18	晴转多云	无持续风向	微风
2012/08/30	28	17	多云转阵雨	无持续风向	微风
2012/08/31	25	12	多云	无持续风向	微风
2012/09/01	20	10	小雨转多云	无持续风向	微风
2012/09/02	25	13	晴	无持续风向	微风
2012/09/03	26	13	晴	无持续风向	微风
2012/09/04	26	15	晴转多云	无持续风向	微风
2012/09/05	25	16	多云	无持续风向	微风
2012/09/06	26	16	晴	无持续风向	微风
2012/09/07	23	14	多云	无持续风向	微风
2012/09/08	27	15	晴	无持续风向	微风
2012/09/09	25	15	晴转多云	无持续风向	微风
2012/09/10	23	13	小雨转阵雨	无持续风向	微风
2012/09/11	20	9	多云转阵雨	无持续风向	微风
2012/09/12	17	7	多云	无持续风向	微风
2012/09/13	20	9	晴	无持续风向	微风
2012/09/14	24	10	晴	无持续风向	微风
2012/09/15	22	13	多云转阵雨	无持续风向	微风
2012/09/16	23	11	多云	无持续风向	微风
2012/09/17	24	13	晴	无持续风向	微风
2012/09/18	25	13	晴	无持续风向	微风
2012/09/19	26	13	晴	无持续风向	微风
2012/09/20	18	11	阵雨	无持续风向	微风
2012/09/21	24	12	晴	无持续风向	微风
2012/09/22	24	14	阵雨转多云	无持续风向	微风

（续表）

日期（年/月/日）	最高气温（℃）	最低气温（℃）	天气	风向	风力
2012/09/23	24	12	多云转小雨	无持续风向	微风
2012/09/24	14	10	小到中雨转小雨	无持续风向	微风
2012/09/25	19	9	多云	无持续风向	微风
2012/09/26	23	10	晴	无持续风向	微风
2012/09/27	19	9	多云	无持续风向	微风
2012/09/28	22	10	多云转晴	无持续风向	微风
2012/09/29	22	10	晴转多云	无持续风向	微风
2012/09/30	23	10	晴	无持续风向	微风
2012/10/01	24	11	晴	无持续风向	微风
2012/10/02	18	10	阴转多云	无持续风向	微风
2012/10/03	20	9	多云	无持续风向	微风
2012/10/04	18	7	多云	无持续风向	微风
2012/10/05	21	9	多云	无持续风向	微风
2012/10/06	20	9	多云	无持续风向	微风
2012/10/07	21	10	多云转阴	无持续风向	微风
2012/10/08	14	5	小雨转多云	无持续风向转北风	微风
2012/10/09	18	7	多云转晴	无持续风向	微风
2012/10/10	19	8	晴转多云	无持续风向	微风
2012/10/11	19	9	多云	无持续风向	微风
2012/10/12	19	8	多云	无持续风向	微风
2012/10/13	20	9	晴转多云	无持续风向	微风
2012/10/14	19	9	多云	无持续风向	微风
2012/10/15	17	3	多云转阵雨	无持续风向	微风
2012/10/16	13	1	多云转晴	无持续风向	微风
2012/10/17	18	6	晴	无持续风向	微风
2012/10/18	18	5	多云转晴	无持续风向	微风
2012/10/19	19	6	晴	无持续风向	微风
2012/10/20	19	5	晴转多云	无持续风向	微风
2012/10/21	10	1	小雨转晴	无持续风向	微风
2012/10/22	17	4	晴	无持续风向	微风
2012/10/23	16	3	多云转晴	无持续风向	微风
2012/10/24	17	5	多云转晴	无持续风向	微风
2012/10/25	16	3	多云转阵雨	无持续风向	微风
2012/10/26	18	4	晴	无持续风向	微风

（续表）

日期（年/月/日）	最高气温（℃）	最低气温（℃）	天气	风向	风力
2012/10/27	17	4	晴	无持续风向	微风
2012/10/28	14	5	多云转小雨	无持续风向	微风
2012/10/29	14	1	多云转晴	无持续风向	微风
2012/10/30	15	1	晴	无持续风向	微风
2012/10/31	17	2	晴	无持续风向	微风
2012/11/01	17	0	晴	无持续风向	微风
2012/11/02	15	−4	多云转雨夹雪	无持续风向转西北风	微风转 3~4 级
2012/11/03	5	−5	晴	无持续风向	微风
2012/11/04	11	−2	晴	无持续风向	微风
2012/11/05	13	0	晴	无持续风向	微风
2012/11/06	11	1	晴转多云	无持续风向	微风
2012/11/07	11	−1	多云	无持续风向	微风
2012/11/08	14	2	多云	无持续风向	微风
2012/11/09	8	−4	多云转小雪	无持续风向	微风
2012/11/10	4	−5	多云转晴	无持续风向	微风
2012/11/11	8	−3	晴	无持续风向	微风
2012/11/12	9	−2	晴	无持续风向	微风
2012/11/13	13	−2	晴	无持续风向	微风
2012/11/14	10	0	晴转小雪	无持续风向	微风
2012/11/15	6	−4	小雪转晴	无持续风向	微风
2012/11/16	12	−1	晴	无持续风向	微风
2012/11/17	13	−3	晴	无持续风向	微风
2012/11/18	10	−1	晴	无持续风向	微风
2012/11/19	10	−2	晴转多云	无持续风向	微风
2012/11/20	11	−1	晴	无持续风向	微风
2012/11/21	11	−2	多云转小雪	无持续风向	微风
2012/11/22	2	−6	小雪转多云	无持续风向	微风
2012/11/23	4	−4	晴	无持续风向	微风
2012/11/24	4	−3	阴转阵雪	无持续风向	微风
2012/11/25	2	−6	小雪转晴	无持续风向	微风
2012/11/26	6	−6	晴	无持续风向	微风
2012/11/27	4	−7	晴	无持续风向	微风
2012/11/28	4	−6	晴	无持续风向	微风
2012/11/29	6	−5	晴	无持续风向	微风

（续表）

日期（年/月/日）	最高气温（℃）	最低气温（℃）	天气	风向	风力
2012/11/30	6	−4	多云转小雪	西北风转北风	3~4 级
2012/12/01	6	−5	多云	北风转无持续风向	3~4 级转微风
2012/12/02	3	−7	晴转多云	无持续风向	微风
2012/12/03	4	−6	晴转多云	无持续风向	微风
2012/12/04	4	−7	晴	无持续风向	微风
2012/12/05	5	−5	晴	无持续风向	微风
2012/12/06	4	−6	晴	西北风	3~4 级
2012/12/07	5	−6	晴	无持续风向	微风
2012/12/08	6	−6	晴	无持续风向	微风
2012/12/09	6	−6	晴	无持续风向	微风
2012/12/10	6	−5	晴	无持续风向	微风
2012/12/11	9	−2	多云转晴	无持续风向	微风
2012/12/12	7	−4	晴	无持续风向	微风
2012/12/13	7	−4	晴	无持续风向	微风
2012/12/14	8	−4	晴	无持续风向	微风
2012/12/15	4	−6	晴	无持续风向	微风
2012/12/16	6	−4	晴转多云	无持续风向	微风
2012/12/17	3	−6	多云	无持续风向	微风
2012/12/18	5	−4	多云	无持续风向	微风
2012/12/19	2	−5	多云转小雪	无持续风向	微风
2012/12/20	−2	−8	小雪	无持续风向	微风
2012/12/21	−4	−11	阵雪	北风	3~4 级
2012/12/22	−5	−14	阵雪转晴	北风	3~4 级
2012/12/23	−4	−11	晴	北风	3~4 级
2012/12/24	−1	−10	晴	无持续风向	微风
2012/12/25	1	−8	多云转晴	无持续风向	微风
2012/12/26	3	−8	多云	无持续风向	微风
2012/12/27	2	−11	多云转小雪	无持续风向	微风
2012/12/28	−5	−14	小雪	北风	3~4 级
2012/12/29	−6	−15	多云转晴	无持续风向	微风
2012/12/30	−2	−13	晴	无持续风向	微风
2012/12/31	−2	−13	晴	无持续风向	微风
2013/01/01	−1	−12	晴	无持续风向	微风
2013/01/02	−3	−13	多云	无持续风向	微风

（续表）

日期 （年/月/日）	最高气温 （℃）	最低气温 （℃）	天气	风向	风力
2013/01/03	-3	-10	多云转晴	无持续风向	微风
2013/01/04	-1	-10	多云转晴	无持续风向	微风
2013/01/05	-1	-9	多云	东风	微风
2013/01/06	-1	-10	多云	东风	微风
2013/01/07	1	-10	晴转多云	东风	微风
2013/01/08	-1	-11	晴	无持续风向	微风
2013/01/09	1	-10	晴	无持续风向	微风
2013/01/10	1	-10	晴转多云	无持续风向	微风
2013/01/11	2	-10	晴	无持续风向	微风
2013/01/12	4	-10	晴	无持续风向	微风
2013/01/13	5	-8	晴转多云	无持续风向	微风
2013/01/14	0	-10	多云	无持续风向	微风
2013/01/15	4	-9	晴	无持续风向	微风
2013/01/16	4	-7	晴	无持续风向	微风
2013/01/17	7	-7	晴	东风	微风
2013/01/18	6	-5	晴转多云	东风	微风
2013/01/19	2	-7	小雪	东风	微风
2013/01/20	-1	-9	小雪转多云	无持续风向	微风
2013/01/21	2	-9	多云	无持续风向	微风
2013/01/22	2	-9	多云转晴	无持续风向	微风
2013/01/23	3	-10	晴	东风	微风
2013/01/24	5	-9	晴	无持续风向	微风
2013/01/25	6	-7	晴	无持续风向	微风
2013/01/26	6	-8	晴	无持续风向	微风
2013/01/27	6	-8	晴转多云	无持续风向	微风
2013/01/28	6	-7	多云转晴	无持续风向	微风
2013/01/29	8	-6	晴	无持续风向	微风
2013/01/30	9	-5	晴	东风	微风
2013/01/31	6	-5	多云转晴	无持续风向	微风
2013/02/01	9	-5	晴	无持续风向	微风
2013/02/02	11	-3	晴转多云	无持续风向	微风
2013/02/03	11	-3	晴	无持续风向	微风
2013/02/04	11	-4	晴	无持续风向	微风
2013/02/05	13	-3	晴	无持续风向	微风

（续表）

日期（年/月/日）	最高气温（℃）	最低气温（℃）	天气	风向	风力
2013/02/06	8	-3	晴转阴	无持续风向	微风
2013/02/07	2	-4	小雪	北风	3~4 级
2013/02/08	5	-6	阴转晴	无持续风向	微风
2013/02/09	12	-5	晴	无持续风向	微风
2013/02/10	7	-5	晴转多云	无持续风向	微风
2013/02/11	3	-7	多云	无持续风向	微风
2013/02/12	6	-5	晴	无持续风向	微风
2013/02/13	6	-3	晴转多云	无持续风向	微风
2013/02/14	5	-6	多云转晴	无持续风向	微风
2013/02/15	10	-4	晴	无持续风向	微风
2013/02/16	7	-4	多云	无持续风向	微风
2013/02/17	5	-7	多云转小雪	无持续风向	微风
2013/02/18	-2	-9	小雪转晴	无持续风向	微风
2013/02/19	3	-7	多云转晴	无持续风向	微风
2013/02/20	5	-4	晴转多云	无持续风向	微风
2013/02/21	7	-5	多云转晴	无持续风向	微风
2013/02/22	11	-2	晴	无持续风向	微风
2013/02/23	13	-1	晴	无持续风向	微风
2013/02/24	15	0	晴转多云	无持续风向	微风
2013/02/25	15	0	晴	无持续风向	微风
2013/02/26	15	1	晴	无持续风向	微风
2013/02/27	17	3	晴转多云	无持续风向	微风
2013/02/28	9	0	多云	北风	3~4 级
2013/03/01	11	0	浮尘转多云	无持续风向	微风
2013/03/02	14	0	多云转晴	无持续风向	微风
2013/03/03	16	0	晴	无持续风向	微风
2013/03/04	19	1	晴	无持续风向	微风
2013/03/05	21	4	晴转多云	无持续风向	微风
2013/03/06	18	2	浮尘转晴	无持续风向	微风
2013/03/07	24	4	晴	无持续风向	微风
2013/03/08	25	4	多云	无持续风向	微风
2013/03/09	14	5	浮尘转扬沙	北风	3~4 级
2013/03/10	19	5	浮尘转扬沙	无持续风向	微风
2013/03/11	17	5	浮尘转扬沙	无持续风向	微风

（续表）

日期（年/月/日）	最高气温（℃）	最低气温（℃）	天气	风向	风力
2013/03/12	16	5	浮尘转扬沙	无持续风向	微风
2013/03/13	18	5	浮尘转扬沙	无持续风向	微风
2013/03/14	18	5	浮尘转扬沙	无持续风向	微风
2013/03/15	20	9	多云	无持续风向	微风
2013/03/16	16	7	阴转多云	无持续风向	微风
2013/03/17	18	5	多云转晴	无持续风向	微风
2013/03/18	20	5	晴	无持续风向	微风
2013/03/19	21	3	晴	无持续风向	微风
2013/03/20	20	8	晴转多云	无持续风向	微风
2013/03/21	22	9	多云	无持续风向	微风
2013/03/22	18	6	多云	无持续风向	微风
2013/03/23	21	4	晴	无持续风向	微风
2013/03/24	21	8	晴转多云	无持续风向	微风
2013/03/25	18	3	多云转扬沙	北风转东风	3~4 级转微风
2013/03/26	20	5	晴	无持续风向	微风
2013/03/27	22	8	晴转多云	无持续风向	微风
2013/03/28	22	7	多云转晴	无持续风向	微风
2013/03/29	22	7	晴	无持续风向	微风
2013/03/30	22	7	晴	无持续风向	微风
2013/03/31	23	8	多云	无持续风向	微风
2013/04/01	20	11	多云	无持续风向	微风
2013/04/02	22	7	晴	无持续风向	微风
2013/04/03	25	6	晴	无持续风向	微风
2013/04/04	14	2	扬沙	北风	4~5 级
2013/04/05	13	-1	多云转晴	无持续风向	微风
2013/04/06	19	5	晴	无持续风向	微风
2013/04/07	19	3	多云	无持续风向	微风
2013/04/08	15	2	多云转晴	无持续风向	微风
2013/04/09	16	3	晴	无持续风向	微风
2013/04/10	19	4	晴	无持续风向	微风
2013/04/11	21	4	晴	无持续风向	微风
2013/04/12	22	7	晴转多云	无持续风向	微风
2013/04/13	24	7	多云转晴	无持续风向	微风
2013/04/14	26	9	晴	无持续风向	微风

（续表）

日期（年/月/日）	最高气温（℃）	最低气温（℃）	天气	风向	风力
2013/04/15	27	8	晴	无持续风向	微风
2013/04/16	27	8	晴	无持续风向	微风
2013/04/17	29	12	晴转多云	无持续风向	微风
2013/04/18	25	8	多云转小雨	北风	3~4 级
2013/04/19	22	8	多云	无持续风向	微风
2013/04/20	26	9	多云	无持续风向	微风
2013/04/21	24	11	晴转小雨	无持续风向	微风
2013/04/22	24	11	多云	无持续风向	微风
2013/04/23	22	11	多云	无持续风向	微风
2013/04/24	23	10	晴	无持续风向	微风
2013/04/25	27	10	晴	无持续风向	微风
2013/04/26	31	13	晴	无持续风向	微风
2013/04/27	31	16	晴	无持续风向	微风
2013/04/28	25	11	多云转小雨	北风	3~4 级
2013/04/29	18	9	阴	无持续风向	微风
2013/04/30	26	11	多云	无持续风向	微风
2013/05/01	25	11	多云	无持续风向	微风
2013/05/02	27	11	晴	无持续风向	微风
2013/05/03	28	13	多云	无持续风向	微风
2013/05/04	23	11	晴转小雨	无持续风向	微风
2013/05/05	22	13	小雨转多云	无持续风向	微风
2013/05/06	25	11	多云	无持续风向	微风
2013/05/07	23	9	多云转小雨	无持续风向	微风
2013/05/08	16	7	小雨转多云	无持续风向	微风
2013/05/09	23	8	晴	无持续风向	微风
2013/05/10	25	9	晴	无持续风向	微风
2013/05/11	27	10	晴	无持续风向	微风
2013/05/12	30	12	晴	无持续风向	微风
2013/05/13	29	15	晴转多云	无持续风向	微风
2013/05/14	18	10	小雨	无持续风向	微风
2013/05/15	17	11	小雨	无持续风向	微风
2013/05/16	18	8	阵雨	无持续风向	微风
2013/05/17	22	10	多云	无持续风向	微风
2013/05/18	26	10	晴转多云	无持续风向	微风

（续表）

日期（年/月/日）	最高气温（℃）	最低气温（℃）	天气	风向	风力
2013/05/19	26	12	多云转晴	无持续风向	微风
2013/05/20	31	14	晴	无持续风向	微风
2013/05/21	30	16	晴	无持续风向	微风
2013/05/22	31	15	晴	无持续风向	微风
2013/05/23	28	13	晴转阵雨	北风	3~4 级
2013/05/24	25	14	阵雨转多云	无持续风向	微风
2013/05/25	28	15	多云转晴	无持续风向	微风
2013/05/26	32	16	晴	无持续风向	微风
2013/05/27	27	10	多云转阵雨	无持续风向	微风
2013/05/28	19	10	小雨转多云	无持续风向	微风
2013/05/29	23	12	多云	无持续风向	微风
2013/05/30	25	13	多云	无持续风向	微风
2013/05/31	27	14	多云转晴	无持续风向	微风
2013/06/01	30	15	晴	无持续风向	微风
2013/06/02	32	16	晴	无持续风向	微风
2013/06/03	34	17	晴	无持续风向	微风
2013/06/04	35	18	晴	无持续风向	微风
2013/06/05	31	18	阵雨转晴	无持续风向	微风
2013/06/06	33	20	晴	无持续风向	微风
2013/06/07	33	14	多云转中雨	无持续风向	微风
2013/06/08	16	11	转多云	无持续风向	微风
2013/06/09	17	10	阵雨	无持续风向	微风
2013/06/10	24	9	晴	无持续风向	微风
2013/06/11	28	12	晴	无持续风向	微风
2013/06/12	29	15	晴	无持续风向	微风
2013/06/13	30	17	晴转多云	无持续风向	微风
2013/06/14	31	18	晴转多云	无持续风向	微风
2013/06/15	31	14	多云转小雨	无持续风向	微风
2013/06/16	24	18	阵雨转多云	无持续风向	微风
2013/06/17	26	19	多云转小雨	无持续风向	微风
2013/06/18	25	18	小雨	无持续风向	微风
2013/06/19	25	15	小雨转中雨	无持续风向	微风
2013/06/20	16	15	小到中雨转小雨	无持续风向	微风
2013/06/21	19	16	小雨转阵雨	无持续风向	微风

（续表）

日期（年/月/日）	最高气温（℃）	最低气温（℃）	天气	风向	风力
2013/06/22	23	16	多云	无持续风向	微风
2013/06/23	29	17	晴转多云	无持续风向	微风
2013/06/24	29	17	阵雨转多云	无持续风向	微风
2013/06/25	31	17	晴	无持续风向	微风
2013/06/26	30	17	晴	无持续风向	微风
2013/06/27	32	18	晴	无持续风向	微风
2013/06/28	35	19	晴转阵雨	无持续风向	微风
2013/06/29	34	20	晴转阵雨	无持续风向	微风
2013/06/30	33	21	多云	无持续风向	微风
2013/07/01	33	21	阵雨转多云	无持续风向	微风
2013/07/02	34	22	阵雨转多云	无持续风向	微风
2013/07/03	31	20	阵雨转中雨	无持续风向	微风
2013/07/04	29	18	多云	无持续风向	微风
2013/07/05	32	20	晴	无持续风向	微风
2013/07/06	35	21	晴	无持续风向	微风
2013/07/07	32	16	雷雨转中雨	无持续风向	微风
2013/07/08	23	15	小雨	无持续风向	微风
2013/07/09	19	14	小雨	无持续风向	微风
2013/07/10	25	17	多云	无持续风向	微风
2013/07/11	25	17	阵雨转小雨	无持续风向	微风
2013/07/12	22	17	小雨	无持续风向	微风
2013/07/13	23	17	多云	无持续风向	微风
2013/07/14	23	17	小到中雨转中雨	无持续风向	微风
2013/07/15	26	17	小雨转多云	无持续风向	微风
2013/07/16	31	19	晴转小雨	无持续风向	微风
2013/07/17	27	18	多云转小雨	无持续风向	微风
2013/07/18	27	16	阵雨转多云	无持续风向	微风
2013/07/19	30	16	晴	无持续风向	微风
2013/07/20	32	19	晴转多云	无持续风向	微风
2013/07/21	29	18	阵雨转阴	无持续风向	微风
2013/07/22	32	18	晴	无持续风向	微风
2013/07/23	34	20	晴转多云	无持续风向	微风
2013/07/24	29	16	阵雨转中雨	无持续风向	微风
2013/07/25	23	18	小雨	无持续风向	微风

（续表）

日期 （年/月/日）	最高气温 （℃）	最低气温 （℃）	天气	风向	风力
2013/07/26	20	16	小雨	无持续风向	微风
2013/07/27	22	17	小雨	无持续风向	微风
2013/07/28	23	14	阵雨转多云	无持续风向	微风
2013/07/29	30	17	晴	无持续风向	微风
2013/07/30	27	17	阵雨转多云	无持续风向	微风
2013/07/31	30	16	雷雨转晴	无持续风向	微风
2013/08/01	31	17	雷雨转晴	无持续风向	微风
2013/08/02	31	17	阵雨	无持续风向	微风
2013/08/03	32	17	雷雨转晴	无持续风向	微风
2013/08/04	34	19	晴	无持续风向	微风
2013/08/05	34	19	晴转中雨	无持续风向	微风
2013/08/06	28	16	小到中雨转中雨	无持续风向	微风
2013/08/07	27	15	多云转晴	无持续风向	微风
2013/08/08	32	16	晴	无持续风向	微风
2013/08/09	34	18	晴	无持续风向	微风
2013/08/10	29	18	阵雨	无持续风向	微风
2013/08/11	30	17	阵雨转晴	无持续风向	微风
2013/08/12	34	17	晴	无持续风向	微风
2013/08/13	34	19	晴	无持续风向	微风
2013/08/14	33	19	晴	无持续风向	微风
2013/08/15	31	21	多云	无持续风向	微风
2013/08/16	29	20	多云	无持续风向	微风
2013/08/17	30	20	多云	无持续风向	微风
2013/08/18	32	19	晴	无持续风向	微风
2013/08/19	32	20	晴转阵雨	无持续风向	微风
2013/08/20	29	20	多云	无持续风向	微风
2013/08/21	31	20	多云转晴	无持续风向	微风
2013/08/22	30	19	晴转阵雨	无持续风向	微风
2013/08/23	29	19	多云转阵雨	无持续风向	微风
2013/08/24	27	18	阵雨转多云	无持续风向	微风
2013/08/25	30	20	晴	无持续风向	微风
2013/08/26	33	19	晴转多云	无持续风向	微风
2013/08/27	25	16	小到中雨转中雨	无持续风向	微风
2013/08/28	25	14	阵雨转晴	无持续风向	微风

（续表）

日期（年/月/日）	最高气温（℃）	最低气温（℃）	天气	风向	风力
2013/08/29	28	14	晴转阵雨	无持续风向	微风
2013/08/30	28	15	阵雨转晴	无持续风向	微风
2013/08/31	29	17	多云	无持续风向	微风
2013/09/01	24	15	阵雨转小雨	无持续风向	微风
2013/09/02	27	15	晴转多云	无持续风向	微风
2013/09/03	24	13	阵雨转小雨	无持续风向	微风
2013/09/04	18	12	小雨转阵雨	无持续风向	微风
2013/09/05	23	12	多云转阵雨	无持续风向	微风
2013/09/06	24	13	多云	无持续风向	微风
2013/09/07	22	13	小雨	无持续风向	微风
2013/09/08	25	12	晴	无持续风向	微风
2013/09/09	25	12	阵雨	无持续风向	微风
2013/09/10	24	11	阵雨	无持续风向	微风
2013/09/11	26	11	晴	无持续风向	微风
2013/09/12	28	12	晴	无持续风向	微风
2013/09/13	30	12	晴	无持续风向	微风
2013/09/14	28	15	晴转小雨	无持续风向	微风
2013/09/15	23	16	小雨	无持续风向	微风
2013/09/16	25	15	多云转小雨	无持续风向	微风
2013/09/17	26	15	多云转小雨	无持续风向	微风
2013/09/18	19	13	小雨	无持续风向	微风
2013/09/19	23	14	多云	无持续风向	微风
2013/09/20	20	11	阵雨转晴	无持续风向	微风
2013/09/21	28	12	晴转多云	无持续风向	微风
2013/09/22	18	9	阵雨转小雨	北风	3~4 级
2013/09/23	20	9	多云	北风	3~4 级
2013/09/24	21	12	多云	无持续风向	微风
2013/09/25	21	10	多云	无持续风向	微风
2013/09/26	22	12	晴	无持续风向	微风
2013/09/27	28	11	晴	无持续风向	微风
2013/09/28	27	11	晴	无持续风向	微风
2013/09/29	27	13	晴转小雨	无持续风向	微风
2013/09/30	19	9	小雨转晴	无持续风向	微风
2013/10/01	24	11	晴	无持续风向	微风

（续表）

日期 （年/月/日）	最高气温 （℃）	最低气温 （℃）	天气	风向	风力
2013/10/02	25	10	晴	无持续风向	微风
2013/10/03	24	9	晴	无持续风向	微风
2013/10/04	26	11	晴转多云	无持续风向	微风
2013/10/05	26	10	多云转晴	无持续风向	微风
2013/10/06	26	10	晴	无持续风向	微风
2013/10/07	25	8	多云转晴	无持续风向	微风
2013/10/08	28	9	晴	无持续风向	微风
2013/10/09	26	7	晴	无持续风向	微风
2013/10/10	26	10	晴	无持续风向	微风
2013/10/11	27	11	晴	无持续风向	微风
2013/10/12	22	10	多云	无持续风向	微风
2013/10/13	18	6	多云转小雨	北风	3~4 级
2013/10/14	15	3	多云转晴	无持续风向	微风
2013/10/15	18	7	多云	无持续风向	微风
2013/10/16	18	6	多云转晴	无持续风向	微风
2013/10/17	21	10	晴转多云	无持续风向	微风
2013/10/18	17	7	多云	无持续风向	微风
2013/10/19	18	8	多云转小雨	无持续风向	微风
2013/10/20	12	3	小雨转多云	无持续风向	微风
2013/10/21	18	3	晴	无持续风向	微风
2013/10/22	17	2	晴	无持续风向	微风
2013/10/23	19	2	晴	无持续风向	微风
2013/10/24	19	5	晴转多云	无持续风向	微风
2013/10/25	16	4	多云	无持续风向	微风
2013/10/26	18	5	晴	无持续风向	微风
2013/10/27	16	4	多云	无持续风向	微风
2013/10/28	16	7	多云	无持续风向	微风
2013/10/29	14	5	小雨	无持续风向	微风
2013/10/30	11	6	小雨	无持续风向	微风
2013/10/31	12	0	阵雨转多云	无持续风向	微风
2013/11/01	14	3	晴	无持续风向	微风
2013/11/02	14	3	晴转多云	无持续风向	微风
2013/11/03	13	4	多云转小雨	无持续风向	微风
2013/11/04	11	1	小雨转多云	无持续风向	微风

（续表）

日期（年/月/日）	最高气温（℃）	最低气温（℃）	天气	风向	风力
2013/11/05	14	1	晴	无持续风向	微风
2013/11/06	13	1	晴	无持续风向	微风
2013/11/07	13	2	晴	无持续风向	微风
2013/11/08	12	3	多云转小雨	无持续风向	微风
2013/11/09	8	2	多云	无持续风向	微风
2013/11/10	10	0	阴转多云	无持续风向	微风
2013/11/11	11	3	多云	无持续风向	微风
2013/11/12	8	2	多云转雨夹雪	无持续风向	微风
2013/11/13	7	−1	多云	无持续风向	微风
2013/11/14	9	0	晴	无持续风向	微风
2013/11/15	10	−2	晴	无持续风向	微风
2013/11/16	11	−1	晴	无持续风向	微风
2013/11/17	11	−2	晴	无持续风向	微风
2013/11/18	12	−2	晴	无持续风向	微风
2013/11/19	12	−3	晴	无持续风向	微风
2013/11/20	12	−3	晴	无持续风向	微风
2013/11/21	11	−1	晴转多云	无持续风向	微风
2013/11/22	7	−4	小雪	无持续风向转北风	微风转 3~4 级
2013/11/23	3	−7	小雪	北风	3~4 级
2013/11/24	6	−6	晴	无持续风向	微风
2013/11/25	6	−6	晴	无持续风向	微风
2013/11/26	6	−6	晴	无持续风向	微风
2013/11/27	6	−5	晴	无持续风向	微风
2013/11/28	6	−5	晴	无持续风向	微风
2013/11/29	8	−4	晴转多云	无持续风向	微风
2013/11/30	8	−5	晴	无持续风向	微风
2013/12/01	9	−4	晴	无持续风向	微风
2013/12/02	9	−5	晴	无持续风向	微风
2013/12/03	10	−4	晴转多云	无持续风向	微风
2013/12/04	8	−5	多云转晴	无持续风向	微风
2013/12/05	9	−4	晴	无持续风向	微风
2013/12/06	10	−5	晴	无持续风向	微风
2013/12/07	8	−5	晴转多云	无持续风向	微风
2013/12/08	3	−8	多云	无持续风向	微风

（续表）

日期 （年/月/日）	最高气温 （℃）	最低气温 （℃）	天气	风向	风力
2013/12/09	6	−6	多云	无持续风向	微风
2013/12/10	4	−8	多云转晴	无持续风向	微风
2013/12/11	5	−7	晴	无持续风向	微风
2013/12/12	7	−6	晴	无持续风向	微风
2013/12/13	6	−6	晴转多云	无持续风向	微风
2013/12/14	3	−7	小雪转多云	无持续风向	微风
2013/12/15	4	−9	多云转晴	无持续风向	微风
2013/12/16	2	−8	雾转晴	无持续风向	微风
2013/12/17	2	−9	晴	无持续风向	微风
2013/12/18	3	−8	晴	无持续风向	微风
2013/12/19	1	−7	多云转小雪	无持续风向	微风
2013/12/20	−2	−9	小雪转多云	北风	微风
2013/12/21	1	−10	晴	无持续风向	微风
2013/12/22	2	−9	晴	无持续风向	微风
2013/12/23	1	−6	多云转小雪	无持续风向	微风
2013/12/24	−1	−8	多云	无持续风向	微风
2013/12/25	0	−9	多云	无持续风向	微风
2013/12/26	−2	−10	多云	无持续风向	微风
2013/12/27	−1	−11	晴	无持续风向	微风
2013/12/28	−1	−10	多云转晴	无持续风向	微风
2013/12/29	1	−10	晴	无持续风向	微风
2013/12/30	2	−10	晴	无持续风向	微风
2013/12/31	3	−10	晴	无持续风向	微风
2014/01/01	2	−7	晴转多云	无持续风向	微风
2014/01/02	1	−9	多云转晴	无持续风向	微风
2014/01/03	4	−10	晴	无持续风向	微风
2014/01/04	4	−9	晴	无持续风向	微风
2014/01/05	3	−6	多云	无持续风向	微风
2014/01/06	1	−9	多云转小雪	无持续风向转北风	微风转 3~4 级
2014/01/07	−3	−12	多云	北风	3~4 级
2014/01/08	−2	−12	晴	北风	微风
2014/01/09	2	−9	晴	无持续风向	微风
2014/01/10	0	−8	多云	无持续风向	微风
2014/01/11	1	−11	多云	无持续风向	微风

（续表）

日期 （年/月/日）	最高气温 （℃）	最低气温 （℃）	天气	风向	风力
2014/01/12	1	−11	晴	无持续风向	微风
2014/01/13	4	−10	晴	无持续风向	微风
2014/01/14	4	−8	晴转多云	无持续风向	微风
2014/01/15	3	−10	多云转晴	无持续风向	微风
2014/01/16	6	−8	晴	无持续风向	微风
2014/01/17	6	−8	晴	无持续风向	微风
2014/01/18	5	−7	晴转多云	无持续风向	微风
2014/01/19	4	−9	多云转晴	无持续风向	微风
2014/01/20	7	−9	晴	无持续风向	微风
2014/01/21	8	−8	晴	无持续风向	微风
2014/01/22	11	−7	晴	无持续风向	微风
2014/01/23	8	−4	晴转多云	无持续风向	微风
2014/01/24	7	−8	晴	无持续风向	微风
2014/01/25	9	−6	晴	无持续风向	微风
2014/01/26	11	−5	晴	无持续风向	微风
2014/01/27	9	−6	晴	无持续风向	微风
2014/01/28	10	−5	晴	无持续风向	微风
2014/01/29	11	−5	晴	无持续风向	微风
2014/01/30	14	−4	晴	无持续风向	微风
2014/01/31	15	−4	晴	无持续风向	微风
2014/02/01	15	−5	晴	无持续风向	微风
2014/02/02	13	−6	晴	无持续风向	微风
2014/02/03	8	−4	晴转多云	无持续风向	微风
2014/02/04	5	−4	多云	无持续风向	微风
2014/02/05	5	−6	多云转小雪	无持续风向	微风
2014/02/06	1	−9	小雪转多云	无持续风向	微风
2014/02/07	4	−7	多云	无持续风向	微风
2014/02/08	0	−8	小雪转阴	无持续风向	微风
2014/02/09	1	−9	小雪转多云	无持续风向	微风
2014/02/10	2	−8	多云	无持续风向	微风
2014/02/11	3	−5	多云转小雪	无持续风向	微风
2014/02/12	−1	−9	小雪转多云	无持续风向	微风
2014/02/13	3	−8	多云	无持续风向	微风
2014/02/14	3	−6	多云	无持续风向	微风

（续表）

日期 （年/月/日）	最高气温 （℃）	最低气温 （℃）	天气	风向	风力
2014/02/15	1	-4	多云转小雪	无持续风向	微风
2014/02/16	-1	-5	中雪	无持续风向	微风
2014/02/17	-1	-7	小雪转多云	无持续风向	微风
2014/02/18	2	-9	多云转晴	无持续风向	微风
2014/02/19	2	-7	晴	无持续风向	微风
2014/02/20	6	-7	晴	无持续风向	微风
2014/02/21	10	-3	晴转多云	无持续风向	微风
2014/02/22	10	-2	多云	无持续风向	微风
2014/02/23	12	0	晴转多云	无持续风向	微风
2014/02/24	14	0	多云转晴	无持续风向	微风
2014/02/25	15	3	多云	无持续风向转北风	微风
2014/02/26	6	-2	阴转多云	无持续风向	微风
2014/02/27	10	1	阴转多云	无持续风向	微风
2014/02/28	8	0	多云	无持续风向	微风
2014/03/01	10	0	多云	无持续风向	微风
2014/03/02	10	2	多云	无持续风向	微风
2014/03/03	12	-1	多云转晴	无持续风向	微风
2014/03/04	11	-1	晴	无持续风向	微风
2014/03/05	10	1	多云	无持续风向	微风
2014/03/06	11	3	多云转小雨	无持续风向	微风
2014/03/07	5	-1	小雪转多云	无持续风向	微风
2014/03/08	15	0	晴	无持续风向	微风
2014/03/09	18	3	晴转多云	无持续风向	微风
2014/03/10	14	0	多云	北风转无持续风向	3~4 级转微风
2014/03/11	10	-1	多云转晴	无持续风向	微风
2014/03/12	13	0	晴	无持续风向	微风
2014/03/13	18	1	晴	无持续风向	微风
2014/03/14	21	1	晴	无持续风向	微风
2014/03/15	25	5	晴	无持续风向	微风
2014/03/16	19	5	多云	无持续风向	微风
2014/03/17	23	8	多云	无持续风向	微风
2014/03/18	15	1	多云	北风	3~4 级
2014/03/19	15	1	阴转多云	北风	3~4 级
2014/03/20	16	2	晴转多云	无持续风向	微风

（续表）

日期（年/月/日）	最高气温（℃）	最低气温（℃）	天气	风向	风力
2014/03/21	17	3	晴转多云	无持续风向	微风
2014/03/22	19	6	多云	无持续风向	微风
2014/03/23	20	5	多云转晴	无持续风向	微风
2014/03/24	24	6	晴	无持续风向	微风
2014/03/25	26	9	晴转多云	无持续风向	微风
2014/03/26	19	8	多云	无持续风向	微风
2014/03/27	21	8	多云	无持续风向	微风
2014/03/28	24	10	多云转小雨	无持续风向	微风
2014/03/29	15	3	小雨转多云	无持续风向	微风
2014/03/30	18	4	晴转多云	无持续风向	微风
2014/04/01	20	7	多云转小雨	无持续风向	微风
2014/04/02	18	6	多云	无持续风向	微风
2014/04/03	18	7	阵雨	无持续风向	微风
2014/04/04	20	6	多云	无持续风向	微风
2014/04/05	19	7	多云	无持续风向	微风
2014/04/06	21	7	多云转晴	无持续风向	微风
2014/04/07	24	8	晴	无持续风向	微风
2014/04/08	25	11	晴转多云	无持续风向	微风
2014/04/09	19	10	多云转阵雨	无持续风向	微风
2014/04/10	19	10	阵雨转小雨	无持续风向	微风
2014/04/11	16	7	阵雨	无持续风向	微风
2014/04/12	22	7	多云转晴	无持续风向	微风
2014/04/13	25	7	晴转多云	无持续风向	微风
2014/04/14	26	12	多云	无持续风向	微风
2014/04/15	25	9	雷雨转小雨	无持续风向	微风
2014/04/16	19	9	阴转多云	无持续风向	微风
2014/04/17	19	8	阵雨转小雨	无持续风向	微风
2014/04/18	14	7	小雨	无持续风向	微风
2014/04/19	15	7	小雨	无持续风向	微风
2014/04/20	12	6	小雨	无持续风向	微风
2014/04/21	16	4	多云	无持续风向	微风
2014/04/22	19	7	晴	无持续风向	微风
2014/04/23	22	6	晴转多云	无持续风向	微风
2014/04/24	12	2	浮尘转小雨	北风	3~4 级

（续表）

日期 （年/月/日）	最高气温 （℃）	最低气温 （℃）	天气	风向	风力
2014/04/25	13	3	多云	无持续风向	微风
2014/04/26	17	5	多云转晴	无持续风向	微风
2014/04/27	21	7	晴	无持续风向	微风
2014/04/28	23	8	晴	无持续风向	微风
2014/04/29	25	10	晴	无持续风向	微风
2014/04/30	27	8	晴转扬沙	无持续风向转北风	微风转 3～4 级
2014/05/01	16	3	小雨转多云	北风	微风
2014/05/02	19	7	晴	无持续风向	微风
2014/05/03	21	6	多云转晴	北风转无持续风向	3～4 级转微风
2014/05/04	22	8	晴	无持续风向	微风
2014/05/05	23	10	晴	无持续风向	微风
2014/05/06	26	10	晴	无持续风向	微风
2014/05/07	28	12	晴	无持续风向	微风
2014/05/08	27	9	晴转多云	无持续风向转北风	微风转 3～4 级
2014/05/09	14	7	小雨	北风	3～4 级
2014/05/10	15	5	小雨转多云	北风转无持续风向	3～4 级转微风
2014/05/11	22	9	晴	无持续风向	微风
2014/05/12	25	12	晴转多云	无持续风向	微风
2014/05/13	22	10	多云转小雨	无持续风向	微风
2014/05/14	16	6	小雨转多云	无持续风向	微风
2014/05/15	23	9	多云	无持续风向	微风
2014/05/16	26	12	多云	无持续风向	微风
2014/05/17	26	11	多云	无持续风向	微风
2014/05/18	24	10	阵雨	北风转无持续风向	3～4 级转微风
2014/05/19	26	12	晴	无持续风向	微风
2014/05/20	30	13	晴	无持续风向	微风
2014/05/21	31	15	晴转多云	无持续风向	微风
2014/05/22	28	14	多云转小雨	无持续风向	微风
2014/05/23	24	13	阴转扬沙	无持续风向	微风
2014/05/24	17	10	浮尘转多云	西北风转无持续风向	3～4 级转微风
2014/05/25	22	10	多云转晴	无持续风向	微风
2014/05/26	27	13	晴	无持续风向	微风
2014/05/27	28	14	多云	无持续风向	微风
2014/05/28	28	15	多云	无持续风向	微风

（续表）

日期（年/月/日）	最高气温（℃）	最低气温（℃）	天气	风向	风力
2014/05/29	31	17	多云	无持续风向	微风
2014/05/30	30	16	多云	无持续风向	微风
2014/05/31	32	17	晴	无持续风向	微风
2014/06/01	35	19	晴转多云	无持续风向	微风
2014/06/02	29	18	多云转雷雨	无持续风向转北风	微风转 3~4 级
2014/06/03	23	16	雷雨转多云	西北风转无持续风向	3~4 级转微风
2014/06/04	29	16	多云转晴	无持续风向	微风
2014/06/05	29	15	多云	无持续风向	微风
2014/06/06	27	15	晴转多云	无持续风向	微风
2014/06/07	29	16	多云	无持续风向	微风
2014/06/08	30	19	晴转多云	无持续风向	微风
2014/06/09	27	17	雷雨转多云	无持续风向	微风
2014/06/10	28	18	阵雨转多云	北风转无持续风向	3~4 级转微风
2014/06/11	28	17	多云转中雨	无持续风向	微风
2014/06/12	20	15	小到中雨转中雨	无持续风向	微风
2014/06/13	21	14	小雨转多云	无持续风向	微风
2014/06/14	26	16	多云	无持续风向	微风
2014/06/15	29	16	多云	无持续风向	微风
2014/06/16	32	15	晴	无持续风向	微风
2014/06/17	32	19	晴转多云	无持续风向	微风
2014/06/18	27	14	多云转小雨	无持续风向转北风	微风转 3~4 级
2014/06/19	26	14	多云转晴	无持续风向	微风
2014/06/20	26	14	多云转晴	无持续风向	微风
2014/06/21	28	17	晴转多云	无持续风向	微风
2014/06/22	30	17	多云	无持续风向	微风
2014/06/23	29	18	多云转小雨	北风转无持续风向	3~4 级转微风
2014/06/24	25	16	小雨	无持续风向	微风
2014/06/25	27	18	多云	无持续风向	微风
2014/06/26	29	18	多云	无持续风向	微风
2014/06/27	28	15	小雨转中雨	无持续风向	微风
2014/06/28	20	13	小雨转多云	无持续风向	微风
2014/06/29	29	16	晴转多云	无持续风向	微风
2014/06/30	28	15	晴转多云	无持续风向	微风
2014/07/01	29	16	晴	无持续风向	微风

（续表）

日期（年/月/日）	最高气温（℃）	最低气温（℃）	天气	风向	风力
2014/07/02	31	16	晴转阵雨	无持续风向	微风
2014/07/03	28	16	多云转晴	无持续风向	微风
2014/07/04	31	19	晴	无持续风向	微风
2014/07/05	33	20	晴	无持续风向	微风
2014/07/06	33	20	晴转多云	无持续风向	微风
2014/07/07	28	17	多云	无持续风向	微风
2014/07/08	18	14	中雨	无持续风向	微风
2014/07/09	23	15	小雨转多云	无持续风向	微风
2014/07/10	28	16	多云	无持续风向	微风
2014/07/11	26	16	阵雨转小雨	无持续风向	微风
2014/07/12	28	15	晴	无持续风向	微风
2014/07/13	29	15	阵雨转晴	无持续风向	微风
2014/07/14	30	16	晴	无持续风向	微风
2014/07/15	32	17	晴	无持续风向	微风
2014/07/16	34	18	晴	无持续风向	微风
2014/07/17	34	18	晴	无持续风向	微风
2014/07/18	33	20	晴	无持续风向	微风
2014/07/19	30	20	多云	无持续风向	微风
2014/07/20	29	20	多云	无持续风向	微风
2014/07/21	24	16	多云转小雨	无持续风向	微风
2014/07/22	20	15	小雨转中雨	无持续风向	微风
2014/07/23	21	14	小雨转多云	无持续风向	微风
2014/07/24	29	16	晴	无持续风向	微风
2014/07/25	32	17	晴	无持续风向	微风
2014/07/26	33	18	晴	无持续风向	微风
2014/07/27	34	19	晴转雷雨	无持续风向	微风
2014/07/28	34	19	晴转雷雨	无持续风向	微风
2014/07/29	35	20	雷雨转晴	无持续风向	微风
2014/07/30	36	20	晴	无持续风向	微风
2014/07/31	33	20	阵雨转多云	无持续风向	微风
2014/08/01	34	20	晴	无持续风向	微风
2014/08/02	33	19	晴	无持续风向	微风
2014/08/03	31	16	阵雨转多云	无持续风向	微风
2014/08/04	26	18	多云转小雨	无持续风向	微风

（续表）

日期（年/月/日）	最高气温（℃）	最低气温（℃）	天气	风向	风力
2014/08/05	23	16	小到中雨转多云	无持续风向	微风
2014/08/06	20	14	多云转小雨	无持续风向	微风
2014/08/07	27	16	阵雨转多云	无持续风向	微风
2014/08/08	25	17	阵雨转多云	无持续风向	微风
2014/08/09	29	17	晴	无持续风向	微风
2014/08/10	25	14	阵雨转多云	无持续风向	微风
2014/08/11	20	14	阵雨转多云	无持续风向	微风
2014/08/12	25	15	阵雨	无持续风向	微风
2014/08/13	27	14	多云	无持续风向	微风
2014/08/14	29	15	晴	无持续风向	微风
2014/08/15	29	15	晴	无持续风向	微风
2014/08/16	28	15	阵雨	无持续风向	微风
2014/08/17	29	15	晴	无持续风向	微风
2014/08/18	31	15	晴	无持续风向	微风
2014/08/19	31	17	晴	无持续风向	微风
2014/08/20	26	15	小雨	北风	微风
2014/08/21	22	15	多云	无持续风向	微风
2014/08/22	25	14	阵雨	无持续风向	微风
2014/08/23	23	11	阵雨	无持续风向	微风
2014/08/24	28	13	晴	无持续风向	微风
2014/08/25	27	14	阵雨	无持续风向	微风
2014/08/26	27	13	晴	无持续风向	微风
2014/08/27	30	15	晴	无持续风向	微风
2014/08/28	32	15	晴转多云	无持续风向	微风
2014/08/29	26	15	多云转小雨	无持续风向	微风
2014/08/30	24	16	多云	无持续风向	微风
2014/08/31	26	14	多云转小雨	无持续风向	微风
2014/09/01	23	12	阵雨转晴	无持续风向	微风
2014/09/02	27	13	晴	无持续风向	微风
2014/09/03	29	12	晴	无持续风向	微风
2014/09/04	29	15	晴	无持续风向	微风
2014/09/05	28	16	多云转阵雨	无持续风向	微风
2014/09/06	24	15	多云	无持续风向	微风
2014/09/07	26	17	多云	无持续风向	微风

（续表）

日期（年/月/日）	最高气温（℃）	最低气温（℃）	天气	风向	风力
2014/09/08	22	15	多云	无持续风向	微风
2014/09/09	26	16	晴转多云	无持续风向	微风
2014/09/10	25	15	多云转小雨	无持续风向	微风
2014/09/11	20	13	小雨转多云	无持续风向	微风
2014/09/12	26	14	多云	无持续风向	微风
2014/09/13	18	12	多云转中雨	北风	微风
2014/09/14	14	11	小雨	无持续风向	微风
2014/09/15	21	13	多云转小雨	无持续风向	微风
2014/09/16	17	12	小雨转阴	无持续风向	微风
2014/09/17	23	10	多云转晴	无持续风向	微风
2014/09/18	26	12	晴转多云	无持续风向	微风
2014/09/19	28	12	晴	无持续风向	微风
2014/09/20	27	14	晴转多云	无持续风向	微风
2014/09/21	20	10	阴转小雨	无持续风向	微风
2014/09/22	14	9	小雨	无持续风向	微风
2014/09/23	20	8	阴转多云	无持续风向	微风
2014/09/24	25	11	多云转晴	无持续风向	微风
2014/09/25	25	13	多云	无持续风向	微风
2014/09/26	22	12	多云转阵雨	无持续风向	微风
2014/09/27	21	11	多云	无持续风向	微风
2014/09/28	24	9	晴	无持续风向	微风
2014/09/29	25	12	晴转多云	无持续风向	微风
2014/09/30	23	11	多云转阵雨	无持续风向	微风
2014/10/01	21	8	多云转晴	无持续风向	微风
2014/10/02	24	10	晴转多云	无持续风向	微风
2014/10/03	22	10	多云转小雨	无持续风向	微风
2014/10/04	19	7	多云转晴	无持续风向	微风
2014/10/05	24	8	晴	无持续风向	微风
2014/10/06	24	12	晴转多云	无持续风向	微风
2014/10/07	23	11	多云	无持续风向	微风
2014/10/08	24	11	多云转晴	无持续风向	微风
2014/10/09	25	10	晴转多云	无持续风向	微风
2014/10/10	16	5	多云转雨夹雪	北风	3~4 级
2014/10/11	6	2	雨夹雪	北风	微风

（续表）

日期 （年/月/日）	最高气温 （℃）	最低气温 （℃）	天气	风向	风力
2014/10/12	9	3	多云	无持续风向	微风
2014/10/13	13	3	多云转晴	无持续风向	微风
2014/10/14	17	6	晴转多云	无持续风向	微风
2014/10/15	16	9	多云	无持续风向	微风
2014/10/16	15	7	阵雨转多云	无持续风向	微风
2014/10/17	17	9	多云转阵雨	无持续风向	微风
2014/10/18	16	9	多云	无持续风向	微风
2014/10/19	17	8	多云	无持续风向	微风
2014/10/20	20	7	阵雨转晴	无持续风向	微风
2014/10/21	21	7	晴	无持续风向	微风
2014/10/22	19	6	晴	无持续风向	微风
2014/10/23	21	5	晴	无持续风向	微风
2014/10/24	22	5	晴	无持续风向	微风
2014/10/25	21	6	晴	无持续风向	微风
2014/10/26	20	8	晴	无持续风向	微风
2014/10/27	19	9	多云转阵雨	无持续风向	微风
2014/10/28	14	7	阵雨转多云	无持续风向	微风
2014/10/29	18	6	多云	无持续风向	微风
2014/10/30	15	2	多云转雨夹雪	北风转无持续风向	3~4 级转微风
2014/10/31	9	1	多云转雨雪	无持续风向	微风
2014/11/01	7	−4	雨夹雪转晴	无持续风向	微风
2014/11/02	12	−1	晴	无持续风向	微风
2014/11/03	14	0	晴	无持续风向	微风
2014/11/04	12	0	晴	无持续风向	微风
2014/11/05	14	1	晴	无持续风向	微风
2014/11/06	10	1	多云转阴	无持续风向	微风
2014/11/07	11	3	多云	无持续风向	微风
2014/11/08	12	3	多云	无持续风向	微风
2014/11/09	12	3	多云转阴	无持续风向	微风
2014/11/10	9	1	阴转多云	无持续风向	微风
2014/11/11	9	0	多云	无持续风向	微风
2014/11/12	8	−1	多云转晴	无持续风向	微风
2014/11/13	11	−1	晴转多云	无持续风向	微风
2014/11/14	5	−2	多云	无持续风向	微风

（续表）

日期 （年/月/日）	最高气温 （℃）	最低气温 （℃）	天气	风向	风力
2014/11/15	7	−2	多云转晴	无持续风向	微风
2014/11/16	8	−1	晴转多云	无持续风向	微风
2014/11/17	10	−2	多云转晴	无持续风向	微风
2014/11/18	10	−2	多云转晴	无持续风向	微风
2014/11/19	12	−1	晴	无持续风向	微风
2014/11/20	8	−1	晴转多云	无持续风向	微风
2014/11/21	8	0	多云	无持续风向	微风
2014/11/22	7	0	多云	无持续风向	微风
2014/11/23	6	0	多云转小雪	无持续风向	微风
2014/11/24	10	−3	小雪转晴	无持续风向	微风
2014/11/25	11	0	多云	无持续风向	微风
2014/11/26	9	−1	晴转多云	无持续风向	微风
2014/11/27	5	−2	小雪转晴	无持续风向	微风
2014/11/28	9	−3	晴转多云	无持续风向	微风
2014/11/29	5	−6	多云转小雪	无持续风向转北风	微风转 3~4 级
2014/11/30	0	−7	晴	北风	微风
2014/12/01	5	−6	晴	无持续风向	微风
2014/12/02	6	−5	晴	北风	微风
2014/12/03	3	−6	晴	无持续风向	微风
2014/12/04	6	−6	晴	无持续风向	微风
2014/12/05	8	−5	晴转多云	无持续风向	微风
2014/12/06	4	−5	多云转晴	无持续风向	微风
2014/12/07	7	−6	晴转多云	无持续风向	微风
2014/12/08	7	−6	多云转小雪	无持续风向	微风
2014/12/09	0	−6	小雪	北风转无持续风向	3~4 级转微风
2014/12/10	−1	−6	多云	无持续风向	微风
2014/12/11	0	−9	多云转晴	无持续风向	微风
2014/12/12	2	−8	晴	无持续风向	微风
2014/12/13	3	−9	晴	无持续风向	微风
2014/12/14	2	−10	多云	北风	3~4 级
2014/12/15	−3	−11	多云转晴	北风转无持续风向	3~4 级转微风
2014/12/16	1	−11	晴	无持续风向	微风
2014/12/17	3	−11	晴转多云	无持续风向	微风
2014/12/18	5	−7	晴	无持续风向	微风

（续表）

日期 （年/月/日）	最高气温 （℃）	最低气温 （℃）	天气	风向	风力
2014/12/19	3	−8	晴转多云	无持续风向	微风
2014/12/20	1	−10	晴转多云	无持续风向	微风
2014/12/21	2	−11	晴	无持续风向	微风
2014/12/22	2	−9	多云	无持续风向	微风
2014/12/23	3	−8	晴	无持续风向	微风
2014/12/24	3	−7	多云	无持续风向	微风
2014/12/25	5	−7	多云	无持续风向	微风
2014/12/26	4	−7	晴转多云	无持续风向	微风
2014/12/27	3	−8	多云转晴	无持续风向	微风
2014/12/28	6	−8	晴	北风	3~4 级
2014/12/29	6	−9	晴	无持续风向	微风
2014/12/30	5	−10	晴	无持续风向	微风
2014/12/31	3	−9	晴	无持续风向	微风
2015/01/01	4	−9	晴	无持续风向	微风
2015/01/02	6	−7	晴转多云	无持续风向	微风
2015/01/03	7	−7	晴	无持续风向	微风
2015/01/04	5	−5	多云转阴	无持续风向	微风
2015/01/05	2	−5	阴	无持续风向	微风
2015/01/06	4	−7	多云转晴	无持续风向	微风
2015/01/07	4	−6	多云	无持续风向	微风
2015/01/08	5	−6	多云转晴	无持续风向	微风
2015/01/09	6	−8	晴	无持续风向	微风
2015/01/10	10	−8	晴	无持续风向	微风
2015/01/11	9	−8	晴	无持续风向	微风
2015/01/12	9	−7	晴转多云	无持续风向	微风
2015/01/13	5	−7	晴转多云	无持续风向	微风
2015/01/14	6	−5	晴转多云	无持续风向	微风
2015/01/15	4	−4	多云转晴	无持续风向	微风
2015/01/16	6	−6	多云转阴	无持续风向	微风
2015/01/17	2	−9	阴转多云	无持续风向	微风
2015/01/18	6	−9	晴	无持续风向	微风
2015/01/19	7	−9	晴	无持续风向	微风
2015/01/20	4	−9	晴	无持续风向	微风
2015/01/21	8	−9	晴	无持续风向	微风

（续表）

日期 （年/月/日）	最高气温 （℃）	最低气温 （℃）	天气	风向	风力
2015/01/22	9	−8	晴	无持续风向	微风
2015/01/23	9	−6	晴转多云	无持续风向	微风
2015/01/24	7	−4	多云	无持续风向	微风
2015/01/25	9	−4	晴转多云	无持续风向	微风
2015/01/26	4	−3	晴转多云	无持续风向	微风
2015/01/27	3	−2	阴转小雪	无持续风向	微风
2015/01/28	−2	−8	小雪转多云	无持续风向	微风
2015/01/29	1	−9	多云转阴	无持续风向	微风
2015/01/30	0	−7	阴转阵雪	无持续风向	微风
2015/01/31	3	−8	多云	无持续风向	微风
2015/02/01	4	−8	晴转多云	无持续风向	微风
2015/02/02	3	−5	多云转晴	无持续风向	微风
2015/02/03	4	−5	多云	北风转无持续风向	3~4 级转微风
2015/02/04	1	−5	阵雪转多云	无持续风向	微风
2015/02/05	2	−6	多云	无持续风向	微风
2015/02/06	2	−6	多云	无持续风向	微风
2015/02/07	4	−7	晴	无持续风向	微风
2015/02/08	6	−7	晴	无持续风向	微风
2015/02/09	8	−6	晴	无持续风向	微风
2015/02/10	8	−6	晴	无持续风向	微风
2015/02/11	12	−5	晴	无持续风向	微风
2015/02/12	13	−4	晴	无持续风向	微风
2015/02/13	14	−5	晴	无持续风向	微风
2015/02/14	11	−4	晴转多云	北风转无持续风向	3~4 级转微风
2015/02/15	8	−5	晴	无持续风向	微风
2015/02/16	13	−4	晴	无持续风向	微风
2015/02/17	12	−4	多云	无持续风向	微风
2015/02/18	13	−2	多云	无持续风向	微风
2015/02/19	13	1	多云转阴	无持续风向	微风
2015/02/20	12	−2	多云	无持续风向	微风
2015/02/21	7	−3	多云	无持续风向	微风
2015/02/22	11	−1	晴转多云	无持续风向	微风
2015/02/23	12	−2	多云转晴	无持续风向	微风
2015/02/24	8	−2	阴转小雪	无持续风向	微风

（续表）

日期 （年/月/日）	最高气温 （℃）	最低气温 （℃）	天气	风向	风力
2015/02/25	6	−3	多云	无持续风向	微风
2015/02/26	9	0	多云转小雪	无持续风向	微风
2015/02/27	3	−2	小雪	北风	3~4 级
2015/02/28	5	−4	多云	无持续风向	微风
2015/03/01	8	−4	多云	无持续风向	微风
2015/03/02	6	−3	浮尘	北风	3~4 级
2015/03/03	7	−5	多云	无持续风向	微风
2015/03/04	5	−1	雨夹雪	无持续风向	微风
2015/03/05	8	−5	晴	无持续风向	微风
2015/03/06	11	−1	晴	无持续风向	微风
2015/03/07	12	2	多云转晴	无持续风向	微风
2015/03/08	14	2	晴转多云	无持续风向	微风
2015/03/09	12	1	多云	无持续风向	微风
2015/03/10	11	0	多云	无持续风向	微风
2015/03/11	15	2	多云转晴	无持续风向	微风
2015/03/12	18	2	多云转晴	无持续风向	微风
2015/03/13	15	2	晴转浮尘	北风	3~4 级
2015/03/14	15	1	多云	无持续风向	微风
2015/03/15	20	2	晴	无持续风向	微风
2015/03/16	16	4	多云	无持续风向	微风
2015/03/17	16	4	多云	无持续风向	微风
2015/03/18	13	3	多云	无持续风向	微风
2015/03/19	15	3	多云	无持续风向	微风
2015/03/20	16	2	多云转晴	无持续风向	微风
2015/03/21	19	2	晴转多云	无持续风向	微风
2015/03/22	13	3	小雨转多云	无持续风向	微风
2015/03/23	16	5	多云转晴	无持续风向	微风
2015/03/24	18	4	多云转晴	无持续风向	微风
2015/03/25	21	5	晴	无持续风向	微风
2015/03/26	23	6	晴转多云	无持续风向	微风
2015/03/27	22	6	多云	无持续风向	微风
2015/03/28	20	7	多云转晴	无持续风向	微风
2015/03/29	26	6	晴	无持续风向	微风
2015/03/30	25	10	多云	无持续风向	微风

（续表）

日期 （年/月/日）	最高气温 （℃）	最低气温 （℃）	天气	风向	风力
2015/03/31	25	14	浮尘转小雨	无持续风向	微风
2015/04/01	19	8	小雨转多云	无持续风向	微风
2015/04/02	27	7	多云	无持续风向	微风
2015/04/03	12	5	小雨转多云	无持续风向	微风
2015/04/04	10	1	小雨转多云	无持续风向	微风
2015/04/05	15	4	多云转小雨	无持续风向	微风
2015/04/06	11	2	小雨转多云	无持续风向	微风
2015/04/07	16	3	晴转多云	无持续风向	微风
2015/04/08	16	6	多云转阵雨	无持续风向	微风
2015/04/09	16	5	多云	无持续风向	微风
2015/04/10	17	6	阵雨	无持续风向	微风
2015/04/11	18	3	阴转多云	无持续风向	微风
2015/04/12	18	4	晴	无持续风向	微风
2015/04/13	22	4	晴转多云	无持续风向	微风
2015/04/14	23	7	多云转晴	无持续风向	微风
2015/04/15	26	7	晴	无持续风向	微风
2015/04/16	26	11	晴	无持续风向	微风
2015/04/17	25	11	多云转小到中雨	无持续风向	微风
2015/04/18	15	8	小雨转多云	无持续风向	微风
2015/04/19	19	9	多云	无持续风向	微风
2015/04/20	20	7	多云转阵雨	无持续风向	微风
2015/04/21	20	4	晴	无持续风向	微风
2015/04/22	23	9	晴	无持续风向	微风
2015/04/23	23	10	多云	无持续风向	微风
2015/04/24	24	10	晴转多云	无持续风向	微风
2015/04/25	25	10	多云转阵雨	无持续风向	微风
2015/04/26	27	10	晴	无持续风向	微风
2015/04/27	29	11	晴	无持续风向	微风
2015/04/28	31	13	晴	无持续风向	微风
2015/04/29	30	13	多云	无持续风向	微风
2015/04/30	21	8	多云转小雨	北风	3~4 级
2015/05/01	23	9	多云转晴	无持续风向	微风
2015/05/02	24	12	多云转阵雨	无持续风向	微风
2015/05/03	22	8	多云	无持续风向	微风

（续表）

日期（年/月/日）	最高气温（℃）	最低气温（℃）	天气	风向	风力
2015/05/04	25	11	晴	无持续风向	微风
2015/05/05	23	9	多云	无持续风向	微风
2015/05/06	25	9	晴转浮尘	无持续风向转北风	微风转 3~4 级
2015/05/07	21	10	多云转晴	无持续风向	微风
2015/05/08	26	9	晴转多云	无持续风向	微风
2015/05/09	29	10	晴转多云	无持续风向	微风
2015/05/10	13	5	小雨转多云	无持续风向	微风
2015/05/11	21	6	晴	无持续风向	微风
2015/05/12	28	9	晴	无持续风向	微风
2015/05/13	30	15	晴转多云	无持续风向	微风
2015/05/14	24	12	多云	无持续风向	微风
2015/05/15	26	13	多云	无持续风向	微风
2015/05/16	24	12	多云	无持续风向	微风
2015/05/17	29	13	多云转浮尘	无持续风向	微风
2015/05/18	30	15	浮尘转晴	无持续风向	微风
2015/05/19	30	12	晴转阵雨	无持续风向	微风
2015/05/20	19	8	小到中雨	无持续风向	微风
2015/05/21	22	11	多云	无持续风向	微风
2015/05/22	25	13	多云转晴	无持续风向	微风
2015/05/23	28	14	多云转晴	无持续风向	微风
2015/05/24	30	14	多云转晴	无持续风向	微风
2015/05/25	29	14	多云转晴	无持续风向	微风
2015/05/26	29	16	晴	无持续风向	微风
2015/05/27	28	12	晴转小雨	无持续风向	微风
2015/05/28	16	11	小雨转多云	无持续风向	微风
2015/05/29	25	12	多云转晴	无持续风向	微风
2015/05/30	28	14	晴	无持续风向	微风
2015/05/31	21	14	多云转阵雨	无持续风向	微风
2015/06/01	23	10	多云	无持续风向	微风
2015/06/02	23	14	阵雨	无持续风向	微风
2015/06/03	21	12	多云转小雨	无持续风向	微风
2015/06/04	24	11	多云转晴	无持续风向	微风
2015/06/05	29	14	晴转多云	无持续风向	微风
2015/06/06	28	17	晴转多云	无持续风向	微风

（续表）

日期 （年/月/日）	最高气温 （℃）	最低气温 （℃）	天气	风向	风力
2015/06/07	23	14	多云	无持续风向	微风
2015/06/08	30	16	晴	无持续风向	微风
2015/06/09	31	15	晴转阵雨	无持续风向	微风
2015/06/10	25	13	多云	无持续风向	微风
2015/06/11	29	14	晴	无持续风向	微风
2015/06/12	30	15	多云转晴	无持续风向	微风
2015/06/13	29	17	晴转多云	无持续风向	微风
2015/06/14	29	16	多云	无持续风向	微风
2015/06/15	30	17	晴	无持续风向	微风
2015/06/16	29	18	多云	无持续风向	微风
2015/06/17	29	19	多云	无持续风向	微风
2015/06/18	29	16	晴转多云	无持续风向	微风
2015/06/19	26	14	阴转小雨	无持续风向	微风
2015/06/20	23	14	小雨转多云	无持续风向	微风
2015/06/21	31	16	晴转多云	无持续风向	微风
2015/06/22	26	16	多云转小雨	无持续风向	微风
2015/06/23	23	15	阵雨转多云	无持续风向	微风
2015/06/24	25	15	阵雨转多云	无持续风向	微风
2015/06/25	30	18	晴	无持续风向	微风
2015/06/26	31	20	多云	无持续风向	微风
2015/06/27	28	20	多云转阵雨	无持续风向	微风
2015/06/28	27	21	多云转阵雨	无持续风向	微风
2015/06/29	25	19	阵雨	无持续风向	微风
2015/06/30	27	20	多云	无持续风向	微风
2015/07/01	30	17	多云转小雨	无持续风向	微风
2015/07/02	21	16	小雨转多云	无持续风向	微风
2015/07/03	22	16	小雨转多云	无持续风向	微风
2015/07/04	22	15	阵雨	无持续风向	微风
2015/07/05	29	15	多云转晴	无持续风向	微风
2015/07/06	32	17	晴	无持续风向	微风
2015/07/07	32	18	晴转阴	无持续风向	微风
2015/07/08	23	14	小雨转小到中雨	无持续风向	微风
2015/07/09	28	15	晴	无持续风向	微风
2015/07/10	32	16	晴	无持续风向	微风

（续表）

日期 （年/月/日）	最高气温 （℃）	最低气温 （℃）	天气	风向	风力
2015/07/11	33	18	晴	无持续风向	微风
2015/07/12	25	16	阵雨	北风	微风
2015/07/13	31	16	多云转阵雨	无持续风向	微风
2015/07/14	26	15	多云转雷雨	无持续风向	微风
2015/07/15	29	14	晴转雷雨	无持续风向	微风
2015/07/16	26	13	多云转阵雨	无持续风向	微风
2015/07/17	30	14	晴	无持续风向	微风
2015/07/18	28	14	晴转阵雨	无持续风向	微风
2015/07/19	32	16	晴转多云	无持续风向	微风
2015/07/20	32	17	多云转阵雨	无持续风向	微风
2015/07/21	28	17	阵雨	无持续风向	微风
2015/07/22	29	17	多云	无持续风向	微风
2015/07/23	29	15	多云转晴	无持续风向	微风
2015/07/24	33	17	晴	无持续风向	微风
2015/07/25	36	19	晴	无持续风向	微风
2015/07/26	37	20	晴	无持续风向	微风
2015/07/27	38	20	晴	无持续风向	微风
2015/07/28	38	21	晴	无持续风向	微风
2015/07/29	37	21	晴	无持续风向	微风
2015/07/30	36	21	晴转多云	无持续风向	微风
2015/07/31	38	22	晴	无持续风向	微风
2015/08/01	37	24	晴转阵雨	无持续风向	微风
2015/08/02	32	20	阵雨转中雨	无持续风向	微风
2015/08/03	25	16	阵雨转多云	无持续风向	微风
2015/08/04	29	18	多云转晴	无持续风向	微风
2015/08/05	32	18	晴	无持续风向	微风
2015/08/06	33	19	晴转多云	无持续风向	微风
2015/08/07	30	17	多云转小雨	无持续风向	微风
2015/08/08	25	17	阵雨	无持续风向	微风
2015/08/09	28	18	多云转阵雨	无持续风向	微风
2015/08/10	31	18	多云转阵雨	无持续风向	微风
2015/08/11	32	18	晴	无持续风向	微风
2015/08/12	34	18	晴转多云	无持续风向	微风
2015/08/13	22	16	小雨	无持续风向	微风

（续表）

日期（年/月/日）	最高气温（℃）	最低气温（℃）	天气	风向	风力
2015/08/14	30	15	晴	无持续风向	微风
2015/08/15	33	16	多云	无持续风向	微风
2015/08/16	26	13	阵雨转多云	无持续风向	微风
2015/08/17	29	16	多云	无持续风向	微风
2015/08/18	22	13	小到中雨转多云	无持续风向	微风
2015/08/19	27	14	多云	无持续风向	微风
2015/08/20	29	15	多云转晴	无持续风向	微风
2015/08/21	30	15	晴	无持续风向	微风
2015/08/22	30	15	晴转多云	无持续风向	微风
2015/08/23	29	14	晴	无持续风向	微风
2015/08/24	30	14	晴	无持续风向	微风
2015/08/25	30	14	晴	无持续风向	微风
2015/08/26	30	15	晴转多云	无持续风向	微风
2015/08/27	30	15	晴转多云	无持续风向	微风
2015/08/28	30	16	晴转多云	无持续风向	微风
2015/08/29	32	16	晴	无持续风向	微风
2015/08/30	32	16	晴	无持续风向	微风
2015/08/31	32	16	晴	无持续风向	微风
2015/09/01	31	18	晴	无持续风向	微风
2015/09/02	25	17	多云转阵雨	无持续风向	微风
2015/09/03	23	16	小雨转多云	无持续风向	微风
2015/09/04	28	16	晴转多云	无持续风向	微风
2015/09/05	28	15	多云转晴	无持续风向	微风
2015/09/06	31	17	晴转多云	无持续风向	微风
2015/09/07	26	16	多云转小雨	无持续风向	微风
2015/09/08	17	14	小雨	无持续风向	微风
2015/09/09	16	12	小雨	无持续风向	微风
2015/09/10	18	12	小雨	无持续风向	微风
2015/09/11	20	9	多云转晴	无持续风向	微风
2015/09/12	24	11	晴转阵雨	无持续风向	微风
2015/09/13	23	9	多云转晴	无持续风向	微风
2015/09/14	28	11	晴	无持续风向	微风
2015/09/15	28	14	晴转多云	无持续风向	微风
2015/09/16	17	12	多云转小雨	无持续风向	微风

（续表）

日期（年/月/日）	最高气温（℃）	最低气温（℃）	天气	风向	风力
2015/09/17	23	13	多云转小雨	无持续风向	微风
2015/09/18	23	12	多云转小雨	无持续风向	微风
2015/09/19	24	10	多云转晴	无持续风向	微风
2015/09/20	28	12	晴	无持续风向	微风
2015/09/21	26	12	晴转阵雨	南风转无持续风向	3~4 级转微风
2015/09/22	24	10	多云	无持续风向	微风
2015/09/23	19	10	多云转小雨	无持续风向	微风
2015/09/24	22	10	多云	无持续风向	微风
2015/09/25	23	11	多云转晴	无持续风向	微风
2015/09/26	23	11	晴转多云	无持续风向	微风
2015/09/27	22	11	多云转小雨	无持续风向	微风
2015/09/28	16	12	小雨	无持续风向	微风
2015/09/29	21	13	多云转小雨	无持续风向	微风
2015/09/30	15	4	小雨	北风	3~4 级
2015/10/01	20	4	晴	无持续风向	微风
2015/10/02	22	8	晴转多云	无持续风向	微风
2015/10/03	23	9	晴	无持续风向	微风
2015/10/04	23	9	晴转多云	无持续风向	微风
2015/10/05	24	11	多云	北风	3~4 级转微风
2015/10/06	23	9	多云转晴	无持续风向	微风
2015/10/07	22	7	晴转多云	转北风	微风转 3~4 级
2015/10/08	18	5	多云转晴	无持续风向	微风
2015/10/09	23	5	晴	无持续风向	微风
2015/10/10	21	4	晴	无持续风向	微风
2015/10/11	22	6	晴	无持续风向	微风
2015/10/12	22	7	晴转小雨	无持续风向	微风
2015/10/13	22	7	晴	无持续风向	微风
2015/10/14	24	7	晴	无持续风向	微风
2015/10/15	26	8	晴	无持续风向	微风
2015/10/16	23	8	晴转多云	无持续风向	微风
2015/10/17	19	6	阴转晴	无持续风向	微风
2015/10/18	25	7	晴	无持续风向	微风
2015/10/19	25	7	晴	无持续风向	微风
2015/10/20	25	8	晴转多云	无持续风向	微风

（续表）

日期 （年/月/日）	最高气温 （℃）	最低气温 （℃）	天气	风向	风力
2015/10/21	17	7	多云转小雨	无持续风向	微风
2015/10/22	15	5	多云转晴	无持续风向	微风
2015/10/23	18	6	晴转多云	无持续风向	微风
2015/10/24	17	10	多云转小雨	无持续风向	微风
2015/10/25	17	4	多云转小雨	无持续风向	微风
2015/10/26	12	−1	多云转晴	无持续风向	微风
2015/10/27	15	3	多云	无持续风向	微风
2015/10/28	14	4	晴	无持续风向	微风
2015/10/29	12	5	多云	无持续风向	微风
2015/10/30	6	−2	多云转雨夹雪	无持续风向	微风
2015/10/31	10	−2	多云转晴	无持续风向	微风
2015/11/01	15	0	晴	无持续风向	微风
2015/11/02	16	2	晴转多云	无持续风向	微风
2015/11/03	15	3	多云	无持续风向	微风
2015/11/04	12	5	多云转小雨	无持续风向	微风
2015/11/05	9	5	小雨	无持续风向	微风
2015/11/06	8	3	阴转小雨	无持续风向	微风
2015/11/07	7	0	阴转多云	无持续风向	微风
2015/11/08	11	0	晴	无持续风向	微风
2015/11/09	13	2	多云	无持续风向	微风
2015/11/10	13	2	多云	无持续风向	微风
2015/11/11	11	3	多云转阴	无持续风向	微风
2015/11/12	15	0	晴	无持续风向	微风
2015/11/13	17	0	晴转多云	无持续风向	微风
2015/11/14	13	2	多云	无持续风向	微风
2015/11/15	14	1	多云	无持续风向	微风
2015/11/16	14	1	晴转小雨	无持续风向	微风
2015/11/17	12	0	小雨转晴	无持续风向	微风
2015/11/18	14	1	晴	无持续风向	微风
2015/11/19	13	2	晴转多云	无持续风向	微风
2015/11/20	15	2	多云	无持续风向	微风
2015/11/21	12	3	多云	无持续风向	微风
2015/11/22	12	3	多云转阴	无持续风向	微风
2015/11/23	8	1	多云转雨夹雪	无持续风向	微风

（续表）

日期（年/月/日）	最高气温（℃）	最低气温（℃）	天气	风向	风力
2015/11/24	6	−4	小雪转晴	无持续风向	微风
2015/11/25	8	−3	晴	无持续风向	微风
2015/11/26	11	−3	晴	无持续风向	微风
2015/11/27	10	−1	晴转多云	无持续风向	微风
2015/11/28	10	−2	多云转晴	无持续风向	微风
2015/11/29	11	−3	晴	无持续风向	微风
2015/11/30	12	−2	晴	无持续风向	微风
2015/12/01	7	−5	晴转多云	无持续风向	微风
2015/12/02	6	−5	晴	无持续风向	微风
2015/12/03	7	−4	晴转多云	无持续风向	微风
2015/12/04	7	−5	晴转多云	无持续风向	微风
2015/12/05	7	−4	多云转晴	无持续风向	微风
2015/12/06	9	−4	晴	无持续风向	微风
2015/12/07	10	−4	晴转多云	无持续风向	微风
2015/12/08	6	−3	多云	无持续风向	微风
2015/12/09	7	−5	多云转晴	无持续风向	微风
2015/12/10	9	−4	晴转多云	无持续风向	微风
2015/12/11	9	−2	多云转小雪	无持续风向	微风
2015/12/12	2	−6	中雪	北风	3~4 级
2015/12/13	1	−8	小雪转多云	无持续风向	微风
2015/12/14	0	−8	多云	无持续风向	微风
2015/12/15	0	−10	晴	无持续风向	微风
2015/12/16	0	−11	晴	无持续风向	微风
2015/12/17	−1	−10	晴	无持续风向	微风
2015/12/18	0	−9	多云	无持续风向	微风
2015/12/19	1	−10	多云转晴	无持续风向	微风
2015/12/20	1	−10	晴	无持续风向	微风
2015/12/21	3	−8	多云转晴	无持续风向	微风
2015/12/22	1	−8	晴转多云	无持续风向	微风
2015/12/23	0	−7	小雪转多云	无持续风向	微风
2015/12/24	1	−10	多云转晴	无持续风向	微风
2015/12/25	3	−10	晴	无持续风向	微风
2015/12/26	3	−10	晴	无持续风向	微风
2015/12/27	4	−8	晴	无持续风向	微风

（续表）

日期（年/月/日）	最高气温（℃）	最低气温（℃）	天气	风向	风力
2015/12/28	3	-9	晴	无持续风向	微风
2015/12/29	4	-10	晴	无持续风向	微风
2015/12/30	5	-10	晴	无持续风向	微风
2015/12/31	5	-9	多云转晴	无持续风向	微风
2016/01/01	7	-6	晴	无持续风向	微风
2016/01/02	7	-6	晴转多云	无持续风向	微风
2016/01/03	6	-6	晴转多云	无持续风向	微风
2016/01/04	5	-7	晴转多云	无持续风向	微风
2016/01/05	3	-8	晴	无持续风向	微风
2016/01/06	3	-8	晴转多云	无持续风向	微风
2016/01/07	5	-9	晴	无持续风向	微风
2016/01/08	5	-8	晴转多云	无持续风向	微风
2016/01/09	4	-7	晴	无持续风向	微风
2016/01/10	2	-7	小雪	无持续风向	微风
2016/01/11	1	-7	小雪	无持续风向	微风
2016/01/12	0	-5	小雪转多云	无持续风向	微风
2016/01/13	1	-8	多云转晴	无持续风向	微风
2016/01/14	3	-9	晴	无持续风向	微风
2016/01/15	4	-10	晴	无持续风向	微风
2016/01/16	3	-9	多云	无持续风向	微风
2016/01/17	1	-9	晴	无持续风向	微风
2016/01/18	2	-9	晴	无持续风向	微风
2016/01/19	2	-8	多云转小雪	无持续风向	微风
2016/01/20	0	-8	阴	无持续风向	微风
2016/01/21	-1	-12	晴转小雪	北风	3~4级
2016/01/22	-5	-15	小雪转多云	北风	3~4级
2016/01/23	-7	-15	晴	东北风	微风
2016/01/24	-5	-17	晴	无持续风向	微风
2016/01/25	-2	-15	晴	无持续风向	微风
2016/01/26	0	-14	晴	无持续风向	微风
2016/01/27	1	-12	晴	无持续风向	微风
2016/01/28	2	-10	晴	无持续风向	微风
2016/01/29	3	-7	多云	无持续风向	微风
2016/01/30	0	-10	多云转小雪	无持续风向	微风

（续表）

日期 （年/月/日）	最高气温 （℃）	最低气温 （℃）	天气	风向	风力
2016/01/31	−2	−10	多云	无持续风向	微风
2016/02/01	0	−11	多云转晴	无持续风向	微风
2016/02/02	3	−11	晴	无持续风向	微风
2016/02/03	2	−9	多云转晴	无持续风向	微风
2016/02/04	3	−9	多云	无持续风向	微风
2016/02/05	2	−9	多云转晴	无持续风向	微风
2016/02/06	6	−9	晴	无持续风向	微风
2016/02/07	9	−8	晴	无持续风向	微风
2016/02/08	11	−7	晴转多云	无持续风向	微风
2016/02/09	11	−6	晴转多云	无持续风向	微风
2016/02/10	12	−5	多云转晴	无持续风向	微风
2016/02/11	12	−7	多云转小雪	无持续风向	微风
2016/02/12	6	−6	小雪	东风	3~4 级
2016/02/13	−1	−11	多云	北风	3~4 级
2016/02/14	0	−11	晴	无持续风向	微风
2016/02/15	3	−9	晴	无持续风向	微风
2016/02/16	6	−9	多云转晴	无持续风向	微风
2016/02/17	7	−6	晴	无持续风向	微风
2016/02/18	5	−6	多云	无持续风向	微风
2016/02/19	3	−10	晴	无持续风向	微风
2016/02/20	7	−9	晴	无持续风向	微风
2016/02/21	5	−6	多云	无持续风向	微风
2016/02/22	6	−5	晴转多云	无持续风向	微风
2016/02/23	6	−3	多云转晴	无持续风向	微风
2016/02/24	7	−3	多云	无持续风向	微风
2016/02/25	8	−3	多云转晴	无持续风向	微风
2016/02/26	13	−4	晴	无持续风向	微风
2016/02/27	13	−2	浮尘转晴	北风	3~4 级
2016/02/28	14	−1	浮尘转晴	无持续风向	微风
2016/02/29	17	−1	晴	无持续风向	微风
2016/03/01	16	0	晴转多云	无持续风向	微风
2016/03/02	18	1	多云转晴	无持续风向	微风
2016/03/03	19	0	晴	无持续风向	微风
2016/03/04	6	−4	浮尘	北风	3~4 级

（续表）

日期（年/月/日）	最高气温（℃）	最低气温（℃）	天气	风向	风力
2016/03/05	11	−3	多云转晴	无持续风向	微风
2016/03/06	16	−1	晴	无持续风向	微风
2016/03/07	16	1	晴	无持续风向	微风
2016/03/08	16	3	晴转多云	无持续风向	微风
2016/03/09	2	−5	多云转雨夹雪	北风	3~4 级
2016/03/10	8	−6	多云转晴	无持续风向	微风
2016/03/11	14	−2	晴	无持续风向	微风
2016/03/12	12	0	多云	北风	3~4 级
2016/03/13	13	0	多云转晴	东北风	3~4 级
2016/03/14	16	1	晴转多云	无持续风向	微风
2016/03/15	18	2	晴	无持续风向	微风
2016/03/16	15	1	多云	无持续风向	微风
2016/03/17	18	1	多云转晴	无持续风向	微风
2016/03/18	24	3	晴转多云	无持续风向	微风
2016/03/19	22	6	多云	无持续风向	微风
2016/03/20	19	9	多云	无持续风向	微风
2016/03/21	16	9	多云转阴	无持续风向	微风
2016/03/22	13	7	阴转小雨	北风	3~4 级
2016/03/23	10	3	小雨转多云	无持续风向	微风
2016/03/24	14	0	多云	无持续风向	微风
2016/03/25	14	1	晴转多云	无持续风向	微风
2016/03/26	14	1	晴	无持续风向	微风
2016/03/27	18	0	晴	无持续风向	微风
2016/03/28	17	4	多云	无持续风向	微风
2016/03/29	16	7	多云	无持续风向	微风
2016/03/30	22	6	晴	无持续风向	微风
2016/03/31	26	7	晴	无持续风向	微风
2016/04/01	24	9	晴	无持续风向	微风
2016/04/02	20	5	多云	无持续风向	微风
2016/04/03	20	5	多云	无持续风向	微风
2016/04/04	22	11	多云	无持续风向	微风
2016/04/05	18	11	小雨	无持续风向	微风
2016/04/06	20	10	小雨转多云	无持续风向	微风
2016/04/07	21	6	晴	无持续风向	微风

（续表）

日期（年/月/日）	最高气温（℃）	最低气温（℃）	天气	风向	风力
2016/04/08	20	7	多云	无持续风向	微风
2016/04/09	23	6	晴	无持续风向	微风
2016/04/10	23	9	多云转晴	无持续风向	微风
2016/04/11	24	9	晴转多云	无持续风向	微风
2016/04/12	20	7	多云转晴	无持续风向	微风
2016/04/13	20	10	多云	无持续风向	微风
2016/04/14	24	8	晴转小雨	无持续风向	微风
2016/04/15	19	6	小雨转多云	无持续风向	微风
2016/04/16	15	3	小雨转多云	无持续风向	微风
2016/04/17	18	1	晴	无持续风向	微风
2016/04/18	23	3	晴	无持续风向	微风
2016/04/19	21	9	多云	无持续风向	微风
2016/04/20	23	10	多云转晴	无持续风向	微风
2016/04/21	23	9	晴	无持续风向	微风
2016/04/22	15	8	阵雨	无持续风向	微风
2016/04/23	20	8	多云转晴	无持续风向	微风
2016/04/24	24	7	晴	无持续风向	微风
2016/04/25	21	11	多云转阵雨	无持续风向	微风
2016/04/26	21	8	多云转晴	无持续风向	微风
2016/04/27	24	6	晴	无持续风向	微风
2016/04/28	27	8	晴	无持续风向	微风
2016/04/29	28	12	晴转多云	无持续风向	微风
2016/04/30	27	10	多云转晴	无持续风向	微风
2016/05/01	21	6	多云转阵雨	东北风	3~4 级
2016/05/02	18	6	阵雨转多云	北风	3~4 级
2016/05/03	26	8	晴	无持续风向	微风
2016/05/04	30	12	晴	无持续风向	微风
2016/05/05	26	12	晴转多云	无持续风向	微风
2016/05/06	23	9	阴转小雨	无持续风向	微风
2016/05/07	22	9	多云	无持续风向	微风
2016/05/08	26	9	晴转多云	无持续风向	微风
2016/05/09	26	11	多云转晴	无持续风向	微风
2016/05/10	32	13	晴	无持续风向	微风
2016/05/11	33	11	多云转浮尘	无持续风向	微风

（续表）

日期（年/月/日）	最高气温（℃）	最低气温（℃）	天气	风向	风力
2016/05/12	15	6	浮尘转多云	无持续风向	微风
2016/05/13	21	7	小雨	无持续风向	微风
2016/05/14	18	5	多云转晴	无持续风向	微风
2016/05/15	23	7	晴	无持续风向	微风
2016/05/16	28	10	晴转多云	无持续风向	微风
2016/05/17	25	10	多云转晴	无持续风向	微风
2016/05/18	29	13	晴转多云	无持续风向	微风
2016/05/19	31	14	多云转晴	无持续风向	微风
2016/05/20	28	16	晴转浮尘	无持续风向	微风
2016/05/21	13	10	小雨	无持续风向	微风
2016/05/22	13	7	小雨	无持续风向	微风
2016/05/23	21	7	晴	无持续风向	微风
2016/05/24	24	9	晴转阵雨	西北风	3～4 级
2016/05/25	16	8	阵雨	无持续风向	微风
2016/05/26	19	7	多云	无持续风向	微风
2016/05/27	23	13	多云转晴	无持续风向	微风
2016/05/28	27	12	晴	无持续风向	微风
2016/05/29	30	15	晴	无持续风向	微风
2016/05/30	29	15	多云	无持续风向	微风
2016/05/31	28	15	多云转阵雨	无持续风向	微风
2016/06/01	24	17	多云转小雨	无持续风向	微风
2016/06/02	27	12	多云	无持续风向	微风
2016/06/03	28	13	晴	无持续风向	微风
2016/06/04	29	14	多云转晴	无持续风向	微风
2016/06/05	31	14	晴	无持续风向	微风
2016/06/06	30	16	晴转多云	无持续风向	微风
2016/06/07	29	14	多云转晴	无持续风向	微风
2016/06/08	30	16	多云转阵雨	无持续风向	微风
2016/06/09	29	16	阵雨转多云	无持续风向	微风
2016/06/10	31	16	晴转阵雨	无持续风向	微风
2016/06/11	25	14	阵雨转多云	无持续风向	微风
2016/06/12	32	16	晴	无持续风向	微风
2016/06/13	33	15	晴	无持续风向	微风
2016/06/14	27	14	阵雨	无持续风向	微风

（续表）

日期（年/月/日）	最高气温（℃）	最低气温（℃）	天气	风向	风力
2016/06/15	27	12	晴	无持续风向	微风
2016/06/16	34	17	晴	无持续风向	微风
2016/06/17	36	19	晴	无持续风向	微风
2016/06/18	34	18	多云转晴	无持续风向	微风
2016/06/19	34	19	多云转晴	无持续风向	微风
2016/06/20	30	20	晴转阵雨	无持续风向	微风
2016/06/21	29	18	多云转晴	无持续风向	微风
2016/06/22	32	18	晴转阵雨	无持续风向	微风
2016/06/23	28	16	小雨转多云	无持续风向	微风
2016/06/24	29	18	多云	无持续风向	微风
2016/06/25	28	17	多云	无持续风向	微风
2016/06/26	23	16	阵雨转多云	无持续风向	微风
2016/06/27	27	14	多云转阵雨	无持续风向	微风
2016/06/28	30	16	多云转晴	无持续风向	微风
2016/06/29	34	18	晴	无持续风向	微风
2016/06/30	32	20	多云转阵雨	无持续风向	微风
2016/07/01	30	16	多云转晴	无持续风向	微风
2016/07/02	33	18	晴	无持续风向	微风
2016/07/03	36	20	晴	无持续风向	微风
2016/07/04	36	20	晴	无持续风向	微风
2016/07/05	33	21	晴转多云	无持续风向	微风
2016/07/06	31	21	多云	无持续风向	微风
2016/07/07	33	22	多云转阵雨	无持续风向	微风
2016/07/08	33	23	多云转阵雨	无持续风向	微风
2016/07/09	31	23	多云转阵雨	无持续风向	微风
2016/07/10	29	21	多云转阵雨	无持续风向	微风
2016/07/11	25	18	小到中雨	无持续风向	微风
2016/07/12	25	17	小雨转多云	无持续风向	微风
2016/07/13	24	16	小雨转多云	无持续风向	微风
2016/07/14	30	17	多云转阵雨	无持续风向	微风
2016/07/15	32	17	晴	无持续风向	微风
2016/07/16	32	18	晴转多云	无持续风向	微风
2016/07/17	30	19	多云转小雨	无持续风向	微风
2016/07/18	24	16	小雨转多云	无持续风向	微风

（续表）

日期 （年/月/日）	最高气温 （℃）	最低气温 （℃）	天气	风向	风力
2016/07/19	30	16	晴	无持续风向	微风
2016/07/20	33	18	晴	无持续风向	微风
2016/07/21	29	19	晴转阵雨	无持续风向	微风
2016/07/22	30	16	多云转晴	无持续风向	微风
2016/07/23	33	19	多云转小到中雨	无持续风向	微风
2016/07/24	23	18	小雨转多云	北风	3~4 级
2016/07/25	29	18	多云转阵雨	无持续风向	微风
2016/07/26	30	16	多云	无持续风向	微风
2016/07/27	33	17	晴	无持续风向	微风
2016/07/28	34	18	晴	无持续风向	微风
2016/07/29	35	19	晴	无持续风向	微风
2016/07/30	34	19	晴	无持续风向	微风
2016/07/31	34	20	晴	无持续风向	微风
2016/08/01	34	20	晴	无持续风向	微风
2016/08/02	34	21	晴转多云	无持续风向	微风
2016/08/03	33	21	晴转多云	无持续风向	微风
2016/08/04	33	21	多云转晴	无持续风向	微风
2016/08/05	33	20	晴	无持续风向	微风
2016/08/06	34	22	晴	无持续风向	微风
2016/08/07	35	21	晴	无持续风向	微风
2016/08/08	36	22	晴	无持续风向	微风
2016/08/09	36	22	晴	无持续风向	微风
2016/08/10	34	22	晴转多云	无持续风向	微风
2016/08/11	34	23	晴	无持续风向	微风
2016/08/12	33	22	多云	无持续风向	微风
2016/08/13	33	23	多云	无持续风向	微风
2016/08/14	33	23	多云	无持续风向	微风
2016/08/15	31	22	多云转晴	无持续风向	微风
2016/08/16	35	21	晴	无持续风向	微风
2016/08/17	34	23	晴	无持续风向	微风
2016/08/18	27	20	多云转阵雨	无持续风向	微风
2016/08/19	28	20	阵雨转多云	无持续风向	微风
2016/08/20	32	21	多云	无持续风向	微风
2016/08/21	34	22	多云转晴	无持续风向	微风

（续表）

日期（年/月/日）	最高气温（℃）	最低气温（℃）	天气	风向	风力
2016/08/22	32	22	晴转多云	无持续风向	微风
2016/08/23	30	22	阵雨转多云	无持续风向	微风
2016/08/24	29	17	多云转暴雨	无持续风向	微风
2016/08/25	22	16	小雨	无持续风向	微风
2016/08/26	24	15	多云	无持续风向	微风
2016/08/27	26	16	多云	无持续风向	微风
2016/08/28	28	16	多云转中雨	无持续风向	微风
2016/08/29	21	14	小雨转多云	无持续风向	微风
2016/08/30	26	15	多云	无持续风向	微风
2016/08/31	24	16	多云转阵雨	无持续风向	微风
2016/09/01	28	15	晴	无持续风向	微风
2016/09/02	25	14	多云	无持续风向	微风
2016/09/03	25	15	多云转晴	无持续风向	微风
2016/09/04	27	15	多云	无持续风向	微风
2016/09/05	21	13	中雨	无持续风向	微风
2016/09/06	25	13	晴	无持续风向	微风
2016/09/07	27	11	晴	无持续风向	微风
2016/09/08	28	15	晴转小雨	无持续风向	微风
2016/09/09	22	12	小雨转晴	无持续风向	微风
2016/09/10	27	12	晴	无持续风向	微风
2016/09/11	28	13	晴转多云	无持续风向	微风
2016/09/12	25	12	阵雨转多云	无持续风向	微风
2016/09/13	27	12	晴	无持续风向	微风
2016/09/14	24	12	阴转晴	无持续风向	微风
2016/09/15	28	14	晴转多云	无持续风向	微风
2016/09/16	27	15	多云转阵雨	无持续风向	微风
2016/09/17	22	14	多云	无持续风向	微风
2016/09/18	22	12	多云转小雨	无持续风向	微风
2016/09/19	23	13	多云转阵雨	无持续风向	微风
2016/09/20	24	10	多云转晴	无持续风向	微风
2016/09/21	27	11	晴转多云	无持续风向	微风
2016/09/22	27	12	晴	无持续风向	微风
2016/09/23	27	11	晴	无持续风向	微风
2016/09/24	25	11	多云转晴	无持续风向	微风

（续表）

日期（年/月/日）	最高气温（℃）	最低气温（℃）	天气	风向	风力
2016/09/25	26	13	多云	无持续风向	微风
2016/09/26	24	13	阵雨转小雨	无持续风向	微风
2016/09/27	24	11	多云	无持续风向	微风
2016/09/28	26	11	晴转多云	无持续风向	微风
2016/09/29	24	13	多云	无持续风向	微风
2016/09/30	26	10	晴转多云	无持续风向	微风
2016/10/01	27	12	多云转晴	无持续风向	微风
2016/10/02	29	12	晴	无持续风向	微风
2016/10/03	30	8	多云转小雨	无持续风向	微风
2016/10/04	17	7	小雨转多云	西北风	4~5 级
2016/10/05	19	6	多云	无持续风向	微风
2016/10/06	19	9	小雨转多云	无持续风向	微风
2016/10/07	17	7	多云	无持续风向	微风
2016/10/08	19	10	多云转小雨	无持续风向	微风
2016/10/09	17	9	多云转小雨	无持续风向	微风
2016/10/10	19	8	多云	无持续风向	微风
2016/10/11	18	9	小雨	无持续风向	微风
2016/10/12	18	7	多云	无持续风向	微风
2016/10/13	23	7	多云转晴	无持续风向	微风
2016/10/14	19	9	多云	无持续风向	微风
2016/10/15	22	8	晴转多云	无持续风向	微风
2016/10/16	17	5	小雨转多云	无持续风向	微风
2016/10/17	23	5	晴	无持续风向	微风
2016/10/18	22	6	晴	无持续风向	微风
2016/10/19	21	6	晴	无持续风向	微风
2016/10/20	21	7	晴转多云	无持续风向	微风
2016/10/21	16	6	多云转小雨	无持续风向	微风
2016/10/22	13	4	多云	无持续风向	微风
2016/10/23	18	2	晴转小雨	无持续风向	微风
2016/10/24	15	5	多云	无持续风向	微风
2016/10/25	11	6	阴转小雨	无持续风向	微风
2016/10/26	15	0	多云转小雨	无持续风向	微风
2016/10/27	6	−2	雨夹雪转小雪	北风	3~4 级
2016/10/28	5	−5	小雪转多云	无持续风向	微风

（续表）

日期 （年/月/日）	最高气温 （℃）	最低气温 （℃）	天气	风向	风力
2016/10/29	8	−4	多云转晴	无持续风向	微风
2016/10/30	9	0	晴	无持续风向	微风
2016/10/31	11	−2	晴	无持续风向	微风
2016/11/01	14	1	多云转晴	无持续风向	微风
2016/11/02	17	2	晴	无持续风向	微风
2016/11/03	18	3	晴	无持续风向	微风
2016/11/04	20	3	晴	无持续风向	微风
2016/11/05	17	4	晴转浮尘	无持续风向	微风
2016/11/06	9	1	多云	北风	1~2 级
2016/11/07	9	0	多云	北风	1~2 级
2016/11/08	12	1	多云	无持续风向	微风
2016/11/09	12	−3	晴	无持续风向	微风
2016/11/10	15	−2	晴	无持续风向	微风
2016/11/11	13	−1	晴	无持续风向	微风
2016/11/12	13	−1	晴转多云	无持续风向	微风
2016/11/13	16	0	晴	无持续风向	微风
2016/11/14	14	0	晴	无持续风向	微风
2016/11/15	15	1	多云转晴	无持续风向	微风
2016/11/16	15	1	晴	无持续风向	微风
2016/11/17	17	0	晴	无持续风向	微风
2016/11/18	17	0	晴	东风	1~2 级
2016/11/19	10	−1	浮尘转多云	无持续风向	微风
2016/11/20	16	−3	晴转多云	无持续风向	微风
2016/11/21	3	−3	浮尘	北风	3~4 级
2016/11/22	1	−8	多云转晴	无持续风向	微风
2016/11/23	4	−7	多云转晴	无持续风向	微风
2016/11/24	5	−5	多云	无持续风向	微风
2016/11/25	4	−6	多云	无持续风向	微风
2016/11/26	8	−5	晴	无持续风向	微风
2016/11/27	9	−4	晴转多云	无持续风向	微风
2016/11/28	4	−4	多云	北风	3~4 级
2016/11/29	5	−5	多云转晴	北风	3~4 级
2016/11/30	9	−5	晴	无持续风向	微风
2016/12/01	7	−4	晴	无持续风向	微风

（续表）

日期（年/月/日）	最高气温（℃）	最低气温（℃）	天气	风向	风力
2016/12/02	8	-4	晴转多云	无持续风向	微风
2016/12/03	8	-4	多云转晴	无持续风向	微风
2016/12/04	12	-5	晴转多云	无持续风向	微风
2016/12/05	5	-4	晴转多云	无持续风向	微风
2016/12/06	10	-3	晴	无持续风向	微风
2016/12/07	10	-3	晴转多云	无持续风向	微风
2016/12/08	10	-4	晴	无持续风向	微风
2016/12/09	8	-3	晴转多云	无持续风向	微风
2016/12/10	9	-4	多云转晴	无持续风向	微风
2016/12/11	11	-3	晴	无持续风向	微风
2016/12/12	7	-5	多云转晴	无持续风向	微风
2016/12/13	7	-5	晴	无持续风向	微风
2016/12/14	8	-5	多云转晴	无持续风向	微风
2016/12/15	4	-7	晴	无持续风向	微风
2016/12/16	9	-7	晴转多云	无持续风向	微风
2016/12/17	7	-4	多云转晴	无持续风向	微风
2016/12/18	8	-6	晴	无持续风向	微风
2016/12/19	8	-6	多云	无持续风向	微风
2016/12/20	6	-7	多云	无持续风向	微风
2016/12/21	3	-7	多云转晴	无持续风向	微风
2016/12/22	6	-7	晴	无持续风向	微风
2016/12/23	7	-6	多云	无持续风向	微风
2016/12/24	5	-5	多云	无持续风向	微风
2016/12/25	0	-6	阵雪	北风	3~4 级
2016/12/26	0	-10	多云转晴	无持续风向	微风
2016/12/27	5	-9	晴	无持续风向	微风
2016/12/28	2	-8	晴转多云	无持续风向	微风
2016/12/29	3	-8	晴转多云	无持续风向	微风
2016/12/30	7	-7	晴	无持续风向	微风
2016/12/31	4	-7	晴转多云	无持续风向	微风
2017/01/01	4	-5	多云	无持续风向	微风
2017/01/02	7	-6	晴	无持续风向	微风
2017/01/03	7	-5	多云转晴	无持续风向	微风
2017/01/04	10	-4	晴	无持续风向	微风

（续表）

日期（年/月/日）	最高气温（℃）	最低气温（℃）	天气	风向	风力
2017/01/05	10	-4	晴转多云	无持续风向	微风
2017/01/06	3	-8	多云转晴	无持续风向	微风
2017/01/07	4	-8	晴转多云	无持续风向	微风
2017/01/08	1	-8	晴转多云	无持续风向	微风
2017/01/09	-1	-10	多云	无持续风向	微风
2017/01/10	-1	-7	多云	无持续风向	微风
2017/01/11	1	-10	多云	无持续风向	微风
2017/01/12	4	-10	晴	无持续风向	微风
2017/01/13	4	-9	晴	无持续风向	微风
2017/01/14	4	-8	晴转多云	无持续风向	微风
2017/01/15	6	-7	多云转晴	无持续风向	微风
2017/01/16	2	-7	多云转阴	无持续风向	微风
2017/01/17	1	-9	阴	无持续风向	微风
2017/01/18	3	-10	晴转多云	无持续风向	微风
2017/01/19	0	-10	多云转晴	无持续风向	微风
2017/01/20	3	-9	晴	无持续风向	微风
2017/01/21	5	-9	晴	无持续风向	微风
2017/01/22	8	-8	晴	无持续风向	微风
2017/01/23	8	-8	晴转多云	无持续风向	微风
2017/01/24	11	-7	多云转晴	无持续风向	微风
2017/01/25	13	-7	浮尘	无持续风向	微风
2017/01/26	4	-5	浮尘转晴	无持续风向	微风
2017/01/27	7	-8	浮尘转晴	无持续风向	微风
2017/01/28	6	-5	晴转多云	无持续风向	微风
2017/01/29	4	-7	多云转晴	无持续风向	微风
2017/01/30	6	-7	晴转多云	无持续风向	微风
2017/01/31	4	-6	晴	无持续风向	微风
2017/02/01	6	-5	多云转晴	无持续风向	微风
2017/02/02	11	-5	多云转晴	无持续风向	微风
2017/02/03	8	-4	晴	无持续风向	微风
2017/02/04	12	-5	晴转多云	无持续风向	微风
2017/02/05	14	-3	晴	无持续风向	微风
2017/02/06	7	-3	阴	无持续风向	微风
2017/02/07	1	-4	小雪	北风	3~4 级

（续表）

日期 （年/月/日）	最高气温 （℃）	最低气温 （℃）	天气	风向	风力
2017/02/08	3	−6	阴转多云	无持续风向	微风
2017/02/09	5	−7	多云转晴	无持续风向	微风
2017/02/10	5	−6	多云	无持续风向	微风
2017/02/11	8	−6	晴	无持续风向	微风
2017/02/12	12	−5	晴	无持续风向	微风
2017/02/13	8	−3	多云	无持续风向	微风
2017/02/14	13	−5	晴	无持续风向	微风
2017/02/15	17	−3	晴	无持续风向	微风
2017/02/16	12	−1	浮尘转多云	无持续风向	微风
2017/02/17	12	−2	多云转晴	无持续风向	微风
2017/02/18	17	−2	晴	无持续风向	微风
2017/02/19	19	−1	多云	无持续风向	微风
2017/02/20	11	0	多云转小雨	无持续风向	微风
2017/02/21	3	−6	小雪转多云	无持续风向	微风
2017/02/22	4	−6	阴转多云	无持续风向	微风
2017/02/23	6	−4	多云	无持续风向	微风
2017/02/24	8	−5	晴	无持续风向	微风
2017/02/25	8	−2	多云转晴	无持续风向	微风
2017/02/26	10	−4	晴	无持续风向	微风
2017/02/27	11	−3	晴转多云	无持续风向	微风
2017/02/28	10	−4	多云	无持续风向	微风
2017/03/01	9	−4	多云转晴	无持续风向	微风
2017/03/02	12	−4	晴	无持续风向	微风
2017/03/03	13	−1	晴转多云	无持续风向	微风
2017/03/04	11	1	多云	无持续风向	微风
2017/03/05	9	1	阴转多云	无持续风向	微风
2017/03/06	10	−2	多云	无持续风向	微风
2017/03/07	9	−1	多云	无持续风向	微风
2017/03/08	12	−2	晴	无持续风向	微风
2017/03/09	12	−1	多云转雨夹雪	无持续风向	微风
2017/03/10	9	1	多云转小雨	无持续风向	微风
2017/03/11	8	2	小雨	无持续风向	微风
2017/03/12	4	−1	中雪	无持续风向	微风
2017/03/13	4	−8	小雪转多云	无持续风向	微风

（续表）

日期（年/月/日）	最高气温（℃）	最低气温（℃）	天气	风向	风力
2017/03/14	5	−6	多云	无持续风向	微风
2017/03/15	8	−2	多云	无持续风向	微风
2017/03/16	9	0	多云	无持续风向	微风
2017/03/17	14	3	晴转多云	无持续风向	微风
2017/03/18	12	0	多云	无持续风向	微风
2017/03/19	14	3	多云转晴	无持续风向	微风
2017/03/20	17	3	晴	无持续风向	微风
2017/03/21	16	4	多云	无持续风向	微风
2017/03/22	21	3	晴	无持续风向	微风
2017/03/23	8	3	小雨	北风	3~4 级
2017/03/24	11	1	多云	无持续风向	微风
2017/03/25	13	0	多云转晴	无持续风向	微风
2017/03/26	16	−1	晴	无持续风向	微风
2017/03/27	21	2	晴	无持续风向	微风
2017/03/28	19	3	晴	无持续风向	微风
2017/03/29	18	6	多云转小雨	无持续风向	微风
2017/03/30	15	3	阵雨转多云	北风	1~2 级
2017/03/31	18	3	晴	无持续风向	微风
2017/04/01	20	3	晴	无持续风向	微风
2017/04/02	21	5	晴转多云	无持续风向	微风
2017/04/03	20	7	多云转晴	无持续风向	微风
2017/04/04	25	7	晴转多云	无持续风向	微风
2017/04/05	26	7	晴	无持续风向	微风
2017/04/06	26	9	晴	无持续风向	微风
2017/04/07	20	11	多云转小雨	无持续风向	微风
2017/04/08	14	8	小雨	无持续风向	微风
2017/04/09	12	6	小雨	无持续风向	微风
2017/04/10	13	5	阴转多云	无持续风向	微风
2017/04/11	15	6	多云	无持续风向	微风
2017/04/12	19	4	多云转阵雨	无持续风向	微风
2017/04/13	21	5	晴	无持续风向	微风
2017/04/14	21	8	多云	无持续风向	微风
2017/04/15	16	6	小雨	无持续风向	微风
2017/04/16	16	2	多云转晴	无持续风向	微风

（续表）

日期（年/月/日）	最高气温（℃）	最低气温（℃）	天气	风向	风力
2017/04/17	24	5	晴	无持续风向	微风
2017/04/18	25	9	晴	无持续风向	微风
2017/04/19	15	5	阵雨转多云	无持续风向	微风
2017/04/20	16	2	多云转晴	无持续风向	微风
2017/04/21	21	4	晴	无持续风向	微风
2017/04/22	24	7	晴	无持续风向	微风
2017/04/23	27	10	晴转多云	无持续风向	微风
2017/04/24	24	10	多云	无持续风向	微风
2017/04/25	17	10	多云	无持续风向	微风
2017/04/26	19	7	阵雨转多云	无持续风向	微风
2017/04/27	22	9	多云转晴	无持续风向	微风
2017/04/28	26	8	晴	无持续风向	微风
2017/04/29	28	13	晴转多云	无持续风向	微风
2017/04/30	23	9	多云	无持续风向	微风
2017/05/01	27	10	晴转多云	无持续风向	微风
2017/05/02	18	9	浮尘转小雨	西北风	3~4 级
2017/05/03	20	6	多云	北风	3~4 级
2017/05/04	24	7	浮尘转晴	无持续风向	微风
2017/05/05	19	8	多云	无持续风向	微风
2017/05/06	23	9	晴转多云	无持续风向	微风
2017/05/07	22	5	多云	无持续风向	微风
2017/05/08	27	9	晴	无持续风向	微风
2017/05/09	27	10	晴	无持续风向	微风
2017/05/10	23	9	阵雨转晴	无持续风向	微风
2017/05/11	27	11	多云转晴	无持续风向	微风
2017/05/12	30	13	晴	无持续风向	微风
2017/05/13	27	13	多云转小雨	无持续风向	微风
2017/05/14	21	10	小雨	无持续风向	微风
2017/05/15	22	9	阵雨	无持续风向	微风
2017/05/16	26	9	晴	无持续风向	微风
2017/05/17	28	12	晴	无持续风向	微风
2017/05/18	27	13	阵雨转晴	无持续风向	微风
2017/05/19	31	14	晴	无持续风向	微风
2017/05/20	30	15	多云	无持续风向	微风

（续表）

日期（年/月/日）	最高气温（℃）	最低气温（℃）	天气	风向	风力
2017/05/21	26	11	多云转小雨	北风	3~4 级
2017/05/22	19	10	小雨转多云	北风	1~2 级
2017/05/23	25	8	晴转多云	无持续风向	微风
2017/05/24	23	12	多云	无持续风向	微风
2017/05/25	24	12	阴转多云	无持续风向	微风
2017/05/26	26	11	多云转阵雨	无持续风向	微风
2017/05/27	30	14	晴	无持续风向	微风
2017/05/28	29	16	多云	无持续风向	微风
2017/05/29	32	17	多云	无持续风向	微风
2017/05/30	32	17	多云转晴	无持续风向	微风
2017/05/31	27	17	阵雨转多云	无持续风向	微风
2017/06/01	29	17	多云转晴	无持续风向	微风
2017/06/02	29	17	多云转小雨	无持续风向	微风
2017/06/03	19	14	小到中雨	无持续风向	微风
2017/06/04	18	13	小雨转中雨	无持续风向	微风
2017/06/05	23	10	多云转阵雨	无持续风向	微风
2017/06/06	27	12	多云转晴	无持续风向	微风
2017/06/07	27	13	多云转阵雨	无持续风向	微风
2017/06/08	28	16	多云转小雨	无持续风向	微风
2017/06/09	21	12	小雨转多云	无持续风向	微风
2017/06/10	27	11	多云	无持续风向	微风
2017/06/11	29	17	多云转晴	无持续风向	微风
2017/06/12	29	16	晴转多云	无持续风向	微风
2017/06/13	28	16	多云	无持续风向	微风
2017/06/14	25	15	小雨	无持续风向	微风
2017/06/15	27	15	阵雨	无持续风向	微风
2017/06/16	30	17	晴	无持续风向	微风
2017/06/17	31	17	晴转多云	无持续风向	微风
2017/06/18	32	18	多云	无持续风向	微风
2017/06/19	30	18	多云转阵雨	无持续风向	微风
2017/06/20	28	16	阵雨	无持续风向	微风
2017/06/21	29	16	阵雨转晴	无持续风向	微风
2017/06/22	30	15	多云转晴	无持续风向	微风
2017/06/23	24	15	多云转晴	无持续风向	微风

（续表）

日期（年/月/日）	最高气温（℃）	最低气温（℃）	天气	风向	风力
2017/06/24	29	16	晴	无持续风向	微风
2017/06/25	29	16	多云	无持续风向	微风
2017/06/26	32	15	晴	无持续风向	微风
2017/06/27	32	17	晴	无持续风向	微风
2017/06/28	31	16	多云转阵雨	无持续风向	微风
2017/06/29	30	16	多云转阵雨	无持续风向	微风
2017/06/30	32	17	多云转晴	无持续风向	微风
2017/07/01	33	19	晴转多云	无持续风向	微风
2017/07/02	31	19	多云转阵雨	北风	3~4 级
2017/07/03	28	18	阵雨	无持续风向	微风
2017/07/04	31	17	晴转多云	无持续风向	微风
2017/07/05	27	15	中雨转晴	无持续风向	微风
2017/07/06	31	17	晴	无持续风向	微风
2017/07/07	32	17	晴	无持续风向	微风
2017/07/08	32	19	多云转晴	无持续风向	微风
2017/07/09	34	19	晴	无持续风向	微风
2017/07/10	34	18	多云转晴	西风	1~2 级
2017/07/11	36	20	晴	无持续风向	微风
2017/07/12	37	20	晴	无持续风向	微风
2017/07/13	37	20	晴	无持续风向	微风
2017/07/14	37	21	晴	无持续风向	微风
2017/07/15	36	22	多云转晴	无持续风向	微风
2017/07/16	36	22	晴	无持续风向	微风
2017/07/17	37	22	晴	无持续风向	微风
2017/07/18	37	22	晴	无持续风向	微风
2017/07/19	38	24	晴转多云	无持续风向	微风
2017/07/20	36	24	晴	无持续风向	微风
2017/07/21	37	24	晴	无持续风向	微风
2017/07/22	33	22	晴转多云	无持续风向	微风
2017/07/23	32	21	多云	无持续风向	微风
2017/07/24	31	22	多云	无持续风向	微风
2017/07/25	32	22	晴转阵雨	无持续风向	微风
2017/07/26	29	19	小到中雨转中雨	无持续风向	微风
2017/07/27	20	16	中雨转小雨	无持续风向	微风

（续表）

日期（年/月/日）	最高气温（℃）	最低气温（℃）	天气	风向	风力
2017/07/28	23	16	小到中雨	无持续风向	微风
2017/07/29	31	16	晴	无持续风向	微风
2017/07/30	33	19	晴	无持续风向	微风
2017/07/31	32	18	多云转小到中雨	无持续风向	微风
2017/08/01	26	19	小雨	无持续风向	微风
2017/08/02	31	17	小雨转晴	无持续风向	微风
2017/08/03	33	19	晴转多云	无持续风向	微风
2017/08/04	29	18	多云	无持续风向	微风
2017/08/05	32	20	多云转小雨	无持续风向	微风
2017/08/06	26	19	中雨转小雨	无持续风向	微风
2017/08/07	25	18	多云	无持续风向	微风
2017/08/08	30	17	晴转阵雨	无持续风向	微风
2017/08/09	31	16	晴	无持续风向	微风
2017/08/10	33	15	多云	无持续风向	微风
2017/08/11	29	17	阵雨	无持续风向	微风
2017/08/12	30	16	阵雨转晴	无持续风向	微风
2017/08/13	31	17	晴	无持续风向	微风
2017/08/14	32	17	晴	无持续风向	微风
2017/08/15	31	17	晴	无持续风向	微风
2017/08/16	33	18	晴转多云	无持续风向	微风
2017/08/17	29	20	多云转阵雨	无持续风向	微风
2017/08/18	30	19	多云转阵雨	无持续风向	微风
2017/08/19	32	17	阵雨转小雨	无持续风向	微风
2017/08/20	21	14	阵雨转小雨	无持续风向	微风
2017/08/21	26	15	多云转阵雨	无持续风向	微风
2017/08/22	19	15	中雨	无持续风向	微风
2017/08/23	23	14	多云转小雨	无持续风向	微风
2017/08/24	21	13	小雨	无持续风向	微风
2017/08/25	18	14	小雨	无持续风向	微风
2017/08/26	21	14	小雨转多云	无持续风向	微风
2017/08/27	19	14	小雨	无持续风向	微风
2017/08/28	18	13	中雨	无持续风向	微风
2017/08/29	20	12	小雨转多云	无持续风向	微风
2017/08/30	25	11	晴	无持续风向	微风

（续表）

日期（年/月/日）	最高气温（℃）	最低气温（℃）	天气	风向	风力
2017/08/31	26	15	晴转阴	无持续风向	微风
2017/09/01	22	16	多云转小雨	无持续风向	微风
2017/09/02	24	14	多云转小雨	无持续风向	微风
2017/09/03	23	16	多云转小雨	无持续风向	微风
2017/09/04	23	14	阵雨转多云	无持续风向	微风
2017/09/05	24	14	多云转晴	无持续风向	微风
2017/09/06	27	13	晴	无持续风向	微风
2017/09/07	29	14	晴转多云	无持续风向	微风
2017/09/08	26	15	晴转阵雨	无持续风向	微风
2017/09/09	22	11	小雨转多云	无持续风向	微风
2017/09/10	27	12	晴	无持续风向	微风
2017/09/11	29	13	晴	无持续风向	微风
2017/09/12	28	15	晴转多云	无持续风向	微风
2017/09/13	24	14	小雨	无持续风向	微风
2017/09/14	22	16	小雨转多云	无持续风向	微风
2017/09/15	26	13	多云转晴	无持续风向	微风
2017/09/16	24	15	多云	无持续风向	微风
2017/09/17	25	13	多云转晴	无持续风向	微风
2017/09/18	25	13	多云转阵雨	无持续风向	微风
2017/09/19	21	13	阴转多云	无持续风向	微风
2017/09/20	25	10	多云转晴	无持续风向	微风
2017/09/21	25	12	晴转多云	无持续风向	微风
2017/09/22	25	12	多云转晴	无持续风向	微风
2017/09/23	24	13	多云	无持续风向	微风
2017/09/24	24	12	晴转多云	无持续风向	微风
2017/09/25	24	11	小雨	北风	3~4 级
2017/09/26	17	10	小雨	北风	3~4 级
2017/09/27	21	10	多云转晴	无持续风向	微风
2017/09/28	24	12	晴	无持续风向	微风
2017/09/29	25	12	晴	无持续风向	微风
2017/09/30	24	12	晴转多云	无持续风向	微风
2017/10/01	27	10	晴	无持续风向	微风
2017/10/02	16	7	阴转小雨	无持续风向	微风
2017/10/03	14	7	小雨转多云	无持续风向	微风
2017/10/04	24	8	晴	无持续风向	微风
2017/10/05	26	8	晴	无持续风向	微风

（续表）

日期 （年/月/日）	最高气温 （℃）	最低气温 （℃）	天气	风向	风力
2017/10/06	23	11	多云	无持续风向	微风
2017/10/07	24	12	多云转晴	东风	1～2 级
2017/10/08	18	4	小雨	北风	3～4 级
2017/10/09	9	2	雨夹雪	无持续风向	微风
2017/10/10	11	1	多云	无持续风向	微风
2017/10/11	9	1	多云转晴	无持续风向	微风
2017/10/12	16	5	晴转多云	无持续风向	微风
2017/10/13	15	6	小雨转多云	无持续风向	微风
2017/10/14	16	6	多云转小雨	无持续风向	微风
2017/10/15	12	7	小雨转多云	无持续风向	微风
2017/10/16	15	7	小雨	无持续风向	微风
2017/10/17	17	6	小雨转多云	无持续风向	微风
2017/10/18	18	7	晴转多云	无持续风向	微风
2017/10/19	21	5	晴	无持续风向	微风
2017/10/20	20	6	晴转多云	无持续风向	微风
2017/10/21	15	8	阴转多云	无持续风向	微风
2017/10/22	18	4	多云转晴	无持续风向	微风
2017/10/23	19	4	晴	无持续风向	微风
2017/10/24	13	7	多云转小雨	无持续风向	微风
2017/10/25	13	4	阴转多云	无持续风向	微风
2017/10/26	17	5	多云转晴	无持续风向	微风
2017/10/27	18	4	晴	无持续风向	微风
2017/10/28	10	3	多云	无持续风向	微风
2017/10/29	15	5	多云	无持续风向	微风
2017/10/30	16	7	多云转阴	无持续风向	微风
2017/10/31	16	7	多云	无持续风向	微风
2017/11/01	19	5	晴	无持续风向	微风
2017/11/02	18	4	晴	无持续风向	微风
2017/11/03	17	2	晴	无持续风向	微风
2017/11/04	18	3	晴	无持续风向	微风
2017/11/05	18	3	晴	无持续风向	微风
2017/11/06	15	0	多云转晴	无持续风向	微风
2017/11/07	16	0	晴	无持续风向	微风
2017/11/08	18	2	晴	无持续风向	微风

（续表）

日期（年/月/日）	最高气温（℃）	最低气温（℃）	天气	风向	风力
2017/11/09	11	0	多云转阴	无持续风向	微风
2017/11/10	12	0	多云转晴	无持续风向	微风
2017/11/11	16	1	多云	无持续风向	微风
2017/11/12	12	1	晴转多云	无持续风向	微风
2017/11/13	10	-1	晴	无持续风向	微风
2017/11/14	12	-1	晴	无持续风向	微风
2017/11/15	14	0	多云转晴	无持续风向	微风
2017/11/16	12	1	晴转多云	无持续风向	微风
2017/11/17	8	1	多云	无持续风向	微风
2017/11/18	8	-1	多云转雨夹雪	无持续风向	微风
2017/11/19	5	0	雨夹雪转多云	无持续风向	微风
2017/11/20	8	-3	晴转多云	无持续风向	微风
2017/11/21	5	-4	多云	无持续风向	微风
2017/11/22	4	-4	多云	无持续风向	微风
2017/11/23	7	-4	多云转晴	无持续风向	微风
2017/11/24	8	-3	晴	无持续风向	微风
2017/11/25	9	-6	晴	无持续风向	微风
2017/11/26	11	-6	晴	无持续风向	微风
2017/11/27	7	-5	晴转多云	无持续风向	微风
2017/11/28	7	-6	晴转多云	无持续风向	微风
2017/11/29	5	-3	多云	无持续风向	微风
2017/11/30	5	-7	晴	无持续风向	微风
2017/12/01	7	-6	晴	无持续风向	微风
2017/12/02	6	-5	晴	无持续风向	微风
2017/12/03	6	-8	晴转多云	无持续风向	微风
2017/12/04	5	-7	多云	无持续风向	微风
2017/12/05	6	-8	晴转多云	无持续风向	微风
2017/12/06	6	-6	多云	无持续风向	微风
2017/12/07	4	-6	多云转晴	无持续风向	微风
2017/12/08	4	-7	多云转晴	无持续风向	微风
2017/12/09	4	-8	晴	无持续风向	微风
2017/12/10	6	-8	晴	无持续风向	微风
2017/12/11	5	-7	多云	无持续风向	微风
2017/12/12	5	-7	晴转多云	无持续风向	微风

（续表）

日期（年/月/日）	最高气温（℃）	最低气温（℃）	天气	风向	风力
2017/12/13	3	−5	多云	无持续风向	微风
2017/12/14	1	−7	多云	无持续风向	微风
2017/12/15	0	−9	晴转多云	无持续风向	微风
2017/12/16	2	−9	晴	无持续风向	微风
2017/12/17	3	−9	晴	无持续风向	微风
2017/12/18	2	−9	晴	无持续风向	微风
2017/12/19	4	−8	晴	无持续风向	微风
2017/12/20	6	−7	晴	无持续风向	微风
2017/12/21	7	−6	晴	无持续风向	微风
2017/12/22	4	−7	晴转多云	无持续风向	微风
2017/12/23	5	−10	多云转晴	无持续风向	微风
2017/12/24	5	−7	晴	无持续风向	微风
2017/12/25	3	−7	晴	无持续风向	微风
2017/12/26	7	−6	晴	无持续风向	微风
2017/12/27	11	−6	晴	无持续风向	微风
2017/12/28	5	−7	晴转多云	无持续风向	微风
2017/12/29	0	−12	小雪转晴	无持续风向	微风
2017/12/30	3	−10	晴	无持续风向	微风
2017/12/31	4	−9	晴	无持续风向	微风
2018/01/01	2	−8	晴转多云	无持续风向	微风
2018/01/02	−2	−6	小雪	无持续风向	微风
2018/01/03	0	−5	多云转小雪	无持续风向	微风
2018/01/04	3	−9	多云转晴	无持续风向	微风
2018/01/05	2	−7	晴转多云	无持续风向	微风
2018/01/06	−4	−10	小雪	无持续风向	微风
2018/01/07	−6	−11	小雪	北风	1~2级
2018/01/08	−2	−14	晴	无持续风向	微风
2018/01/09	0	−11	晴	无持续风向	微风
2018/01/10	2	−11	晴	无持续风向	微风
2018/01/11	3	−11	晴	无持续风向	微风
2018/01/12	3	−9	晴转多云	无持续风向	微风
2018/01/13	1	−10	多云	无持续风向	微风
2018/01/14	3	−7	晴转多云	无持续风向	微风
2018/01/15	3	−7	晴转多云	无持续风向	微风

（续表）

日期（年/月/日）	最高气温（℃）	最低气温（℃）	天气	风向	风力
2018/01/16	8	-5	多云转晴	无持续风向	微风
2018/01/17	2	-7	多云	无持续风向	微风
2018/01/18	4	-6	多云转晴	无持续风向	微风
2018/01/19	5	-7	晴转多云	无持续风向	微风
2018/01/20	5	-6	晴	无持续风向	微风
2018/01/21	5	-8	晴	无持续风向	微风
2018/01/22	5	-7	晴转多云	无持续风向	微风
2018/01/23	4	-5	多云转阴	无持续风向	微风
2018/01/24	3	-5	多云转小雪	无持续风向	微风
2018/01/25	2	-8	多云	无持续风向	微风
2018/01/26	1	-9	多云转小雪	无持续风向	微风
2018/01/27	1	-10	小雪转阴	无持续风向	微风
2018/01/28	-3	-10	阴转小雪	无持续风向	微风
2018/01/29	-3	-13	多云转小雪	无持续风向	微风
2018/01/30	-5	-15	小雪转多云	无持续风向	微风
2018/01/31	-1	-16	晴	无持续风向	微风
2018/02/01	0	-12	晴	无持续风向	微风
2018/02/02	-1	-11	晴转多云	无持续风向	微风
2018/02/03	0	-12	晴	无持续风向	微风
2018/02/04	1	-12	晴	无持续风向	微风
2018/02/05	2	-10	晴	无持续风向	微风
2018/02/06	4	-10	晴转多云	无持续风向	微风
2018/02/07	5	-9	多云	无持续风向	微风
2018/02/08	3	-8	多云转晴	无持续风向	微风
2018/02/09	2	-9	多云转小雪	无持续风向	微风
2018/02/10	-1	-11	多云转晴	无持续风向	微风
2018/02/11	3	-11	晴	无持续风向	微风
2018/02/12	8	-11	晴	无持续风向	微风
2018/02/13	12	-5	晴	无持续风向	微风
2018/02/14	8	-4	晴转多云	无持续风向	微风
2018/02/15	12	-5	多云转晴	无持续风向	微风
2018/02/16	14	-3	晴转多云	无持续风向	微风
2018/02/17	5	-3	小雪	无持续风向	微风
2018/02/18	4	-5	小雪	无持续风向	微风

（续表）

日期（年/月/日）	最高气温（℃）	最低气温（℃）	天气	风向	风力
2018/02/19	9	−5	多云转阴	无持续风向	微风
2018/02/20	4	−2	多云转小雪	无持续风向	微风
2018/02/21	4	−7	阴转多云	无持续风向	微风
2018/02/22	9	−7	晴	无持续风向	微风
2018/02/23	7	−5	晴转多云	无持续风向	微风
2018/02/24	9	−5	晴	无持续风向	微风
2018/02/25	14	−5	晴转多云	无持续风向	微风
2018/02/26	13	−1	多云	无持续风向	微风
2018/02/27	12	−2	晴	无持续风向	微风
2018/02/28	15	−1	晴转多云	无持续风向	微风
2018/03/01	14	1	多云转晴	无持续风向	微风
2018/03/02	19	−1	晴转多云	无持续风向	微风
2018/03/03	14	1	晴转多云	东风	3～4级
2018/03/04	13	0	多云	东北风	1～2级
2018/03/05	12	0	多云转阴	无持续风向	微风
2018/03/06	13	2	阴转多云	无持续风向	微风
2018/03/07	11	2	多云	无持续风向	微风
2018/03/08	16	−1	多云转晴	无持续风向	微风
2018/03/09	19	0	晴转多云	无持续风向	微风
2018/03/10	19	2	晴	无持续风向	微风
2018/03/11	21	3	晴	无持续风向	微风
2018/03/12	22	4	晴	无持续风向	微风
2018/03/13	22	4	多云转晴	无持续风向	微风
2018/03/14	24	3	晴	无持续风向	微风
2018/03/15	23	5	晴转多云	无持续风向	微风
2018/03/16	21	7	多云	无持续风向	微风
2018/03/17	15	4	阴转阵雨	无持续风向	微风
2018/03/18	15	3	阴转多云	无持续风向	微风
2018/03/19	20	2	多云转阵雨	无持续风向	微风
2018/03/20	17	1	阵雨转多云	北风	3～4级
2018/03/21	18	2	晴	无持续风向	微风
2018/03/22	20	3	晴转多云	无持续风向	微风
2018/03/23	20	5	晴转多云	无持续风向	微风
2018/03/24	21	6	多云	无持续风向	微风

（续表）

日期（年/月/日）	最高气温（℃）	最低气温（℃）	天气	风向	风力
2018/03/25	24	7	晴转多云	无持续风向	微风
2018/03/26	21	8	多云	无持续风向	微风
2018/03/27	26	6	晴	无持续风向	微风
2018/03/28	27	7	晴	无持续风向	微风
2018/03/29	26	9	晴转浮尘	无持续风向	微风
2018/03/30	21	10	浮尘	东北风	3~4 级
2018/03/31	20	6	多云转晴	无持续风向	微风
2018/04/01	26	8	晴	无持续风向	微风
2018/04/02	28	7	晴	东北风	1~2 级
2018/04/03	20	9	晴转浮尘	无持续风向	微风
2018/04/04	19	1	浮尘转雨夹雪	东北风	3~4 级
2018/04/05	11	2	浮尘转雨夹雪	东北风	3~4 级
2018/04/06	11	-4	晴	东风	1~2 级
2018/04/07	20	-4	晴	东风	1~2 级
2018/04/08	23	4	晴	无持续风向	微风
2018/04/09	25	4	晴转浮尘	东风	3~4 级
2018/04/10	21	6	浮尘转多云	无持续风向	微风
2018/04/11	23	7	多云	无持续风向	微风
2018/04/12	15	4	小雨	无持续风向	微风
2018/04/13	10	3	小雨	无持续风向	微风
2018/04/14	13	2	阴转多云	无持续风向	微风
2018/04/15	19	2	多云转晴	无持续风向	微风
2018/04/16	24	5	晴	无持续风向	微风
2018/04/17	26	5	晴	无持续风向	微风
2018/04/18	29	10	晴	东南风	3~4 级
2018/04/19	27	11	晴转雷阵雨	东南风	3~4 级
2018/04/20	27	14	多云	无持续风向	微风
2018/04/21	25	12	多云转阵雨	无持续风向	微风
2018/04/22	23	10	阴转小雨	无持续风向	微风
2018/04/23	14	8	小雨	无持续风向	微风
2018/04/24	18	8	小雨转多云	无持续风向	微风
2018/04/25	22	8	多云	无持续风向	微风
2018/04/26	22	9	多云转雷阵雨	无持续风向	微风
2018/04/27	25	8	晴转阵雨	无持续风向	微风

（续表）

日期（年/月/日）	最高气温（℃）	最低气温（℃）	天气	风向	风力
2018/04/28	25	9	多云转浮尘	无持续风向	微风
2018/04/29	24	11	晴转多云	无持续风向	微风
2018/04/30	20	10	阵雨转多云	无持续风向	微风
2018/05/01	21	9	多云转晴	无持续风向	微风
2018/05/02	25	7	晴	无持续风向	微风
2018/05/03	28	10	晴转多云	无持续风向	微风
2018/05/04	27	13	多云	东风	3~4 级
2018/05/05	20	13	多云转阴	东风	1~2 级
2018/05/06	24	8	多云转晴	无持续风向	微风
2018/05/07	27	9	晴	无持续风向	微风
2018/05/08	25	9	多云转小雨	东风	3~4 级
2018/05/09	18	12	小雨	无持续风向	微风
2018/05/10	16	9	小雨转多云	无持续风向	微风
2018/05/11	23	7	多云	无持续风向	微风
2018/05/12	27	11	晴	无持续风向	微风
2018/05/13	32	10	晴	无持续风向	微风
2018/05/14	31	14	晴转多云	无持续风向	微风
2018/05/15	32	17	晴转多云	无持续风向	微风
2018/05/16	29	16	晴转多云	无持续风向	微风
2018/05/17	30	15	阵雨转多云	无持续风向	微风
2018/05/18	32	14	多云转小雨	无持续风向	微风
2018/05/19	27	13	小雨转多云	无持续风向	微风
2018/05/20	27	15	多云转小到中雨	东风	1~2 级
2018/05/21	22	10	小到中雨转小雨	北风	1~2 级
2018/05/22	22	9	晴转多云	北风	1~2 级
2018/05/23	26	10	晴转多云	无持续风向	微风
2018/05/24	27	15	多云转阵雨	无持续风向	微风
2018/05/25	24	16	阵雨转浮尘	东风	1~2 级
2018/05/26	22	10	多云	北风	3~4 级
2018/05/27	26	10	多云转晴	无持续风向	微风
2018/05/28	27	14	多云	无持续风向	微风
2018/05/29	28	14	多云	无持续风向	微风
2018/05/30	29	14	晴转多云	无持续风向	微风
2018/05/31	29	14	晴转多云	无持续风向	微风

（续表）

日期 （年/月/日）	最高气温 （℃）	最低气温 （℃）	天气	风向	风力
2018/06/01	28	16	阵雨转晴	东风	1~2 级
2018/06/02	30	14	晴转多云	东风	1~2 级
2018/06/03	26	13	多云转小雨	东风	3~4 级
2018/06/04	28	12	晴	无持续风向	微风
2018/06/05	33	14	晴转多云	无持续风向	微风
2018/06/06	30	15	多云	东风	1~2 级
2018/06/07	21	11	小到中雨	无持续风向	微风
2018/06/08	23	11	小雨转多云	无持续风向	微风
2018/06/09	28	13	晴转多云	无持续风向	微风
2018/06/10	29	13	多云转晴	无持续风向	微风
2018/06/11	31	16	晴	无持续风向	微风
2018/06/12	33	16	晴	无持续风向	微风
2018/06/13	33	17	晴转多云	无持续风向	微风
2018/06/14	33	19	多云	东南风	1~2 级
2018/06/15	30	19	多云转阴	无持续风向	微风
2018/06/16	31	19	晴转多云	无持续风向	微风
2018/06/17	30	18	多云转阵雨	无持续风向	微风
2018/06/18	30	18	多云	无持续风向	微风
2018/06/19	28	18	多云转阵雨	无持续风向	微风
2018/06/20	28	17	晴转阵雨	无持续风向	微风
2018/06/21	29	18	多云转晴	无持续风向	微风
2018/06/22	32	19	晴转多云	无持续风向	微风
2018/06/23	30	20	阵雨	无持续风向	微风
2018/06/24	29	20	阵雨	无持续风向	微风
2018/06/25	26	19	小雨转多云	无持续风向	微风
2018/06/26	30	19	晴	无持续风向	微风
2018/06/27	32	20	晴转多云	无持续风向	微风
2018/06/28	33	22	多云转小雨	无持续风向	微风
2018/06/29	29	19	多云转阵雨	无持续风向	微风
2018/06/30	32	21	晴转多云	无持续风向	微风
2018/07/01	31	20	多云转中雨	无持续风向	微风
2018/07/02	27	16	多云转晴	无持续风向	微风
2018/07/03	31	16	晴转阵雨	无持续风向	微风
2018/07/04	25	17	小雨转晴	无持续风向	微风

（续表）

日期（年/月/日）	最高气温（℃）	最低气温（℃）	天气	风向	风力
2018/07/05	30	17	多云	无持续风向	微风
2018/07/06	28	19	多云	无持续风向	微风
2018/07/07	26	17	小雨转中雨	无持续风向	微风
2018/07/08	26	15	小雨转多云	无持续风向	微风
2018/07/09	27	17	小雨转多云	无持续风向	微风
2018/07/10	24	16	中雨转多云	无持续风向	微风
2018/07/11	29	16	晴	无持续风向	微风
2018/07/12	31	18	晴	无持续风向	微风
2018/07/13	33	20	多云转晴	无持续风向	微风
2018/07/14	33	20	晴转小雨	无持续风向	微风
2018/07/15	28	20	小雨	无持续风向	微风
2018/07/16	32	18	多云转晴	无持续风向	微风
2018/07/17	35	20	晴	无持续风向	微风
2018/07/18	33	20	晴转多云	无持续风向	微风
2018/07/19	30	20	多云转阵雨	无持续风向	微风
2018/07/20	24	18	中雨	无持续风向	微风
2018/07/21	30	16	多云转晴	无持续风向	微风
2018/07/22	32	18	多云转小雨	无持续风向	微风
2018/07/23	25	19	中雨转多云	无持续风向	微风
2018/07/24	32	17	多云转晴	无持续风向	微风
2018/07/25	34	19	晴	无持续风向	微风
2018/07/26	34	19	晴	无持续风向	微风
2018/07/27	34	20	晴	无持续风向	微风
2018/07/28	34	21	晴转多云	无持续风向	微风
2018/07/29	33	22	多云	无持续风向	微风
2018/07/30	33	22	晴	无持续风向	微风
2018/07/31	32	20	晴转阵雨	无持续风向	微风
2018/08/01	34	20	晴转多云	无持续风向	微风
2018/08/02	28	21	多云转小到中雨	无持续风向	微风
2018/08/03	29	20	中雨转小雨	无持续风向	微风
2018/08/04	30	19	阴转多云	无持续风向	微风
2018/08/05	32	19	晴	无持续风向	微风
2018/08/06	31	20	多云转阵雨	无持续风向	微风
2018/08/07	28	20	中雨转小雨	无持续风向	微风

（续表）

日期（年/月/日）	最高气温（℃）	最低气温（℃）	天气	风向	风力
2018/08/08	30	20	晴转阵雨	无持续风向	微风
2018/08/09	32	19	多云转晴	无持续风向	微风
2018/08/10	31	20	阵雨	无持续风向	微风
2018/08/11	29	18	多云转阵雨	无持续风向	微风
2018/08/12	27	19	阵雨转中雨	无持续风向	微风
2018/08/13	29	19	多云转雷阵雨	无持续风向	微风
2018/08/14	31	19	多云转阵雨	无持续风向	微风
2018/08/15	29	19	多云转阵雨	无持续风向	微风
2018/08/16	26	19	多云转晴	无持续风向	微风
2018/08/17	28	17	多云	无持续风向	微风
2018/08/18	30	19	晴	无持续风向	微风
2018/08/19	31	20	晴	无持续风向	微风
2018/08/20	30	19	晴转多云	无持续风向	微风
2018/08/21	26	16	小雨转晴	无持续风向	微风
2018/08/22	28	14	晴	无持续风向	微风
2018/08/23	30	14	晴	无持续风向	微风
2018/08/24	29	17	晴转阵雨	无持续风向	微风
2018/08/25	26	15	中雨转多云	无持续风向	微风
2018/08/26	28	16	多云转晴	无持续风向	微风
2018/08/27	27	18	小雨转多云	无持续风向	微风
2018/08/28	28	18	多云	无持续风向	微风
2018/08/29	30	19	多云	无持续风向	微风
2018/08/30	28	19	多云转阵雨	无持续风向	微风
2018/08/31	27	18	多云转小雨	无持续风向	微风
2018/09/01	24	18	小雨转中雨	无持续风向	微风
2018/09/02	21	15	多云	无持续风向	微风
2018/09/03	26	14	晴转多云	无持续风向	微风
2018/09/04	23	16	多云转小到中雨	无持续风向	微风
2018/09/05	19	13	小雨转多云	无持续风向	微风
2018/09/06	20	10	多云	无持续风向	微风
2018/09/07	21	9	多云转晴	无持续风向	微风
2018/09/08	24	14	多云转小雨	无持续风向	微风
2018/09/09	20	14	小雨转多云	无持续风向	微风
2018/09/10	26	12	多云转晴	无持续风向	微风

（续表）

日期（年/月/日）	最高气温（℃）	最低气温（℃）	天气	风向	风力
2018/09/11	25	14	多云转阴	无持续风向	微风
2018/09/12	22	14	阵雨转多云	无持续风向	微风
2018/09/13	24	13	多云	无持续风向	微风
2018/09/14	21	8	多云转中雨	北风	3～4 级
2018/09/15	15	8	阴转多云	无持续风向	微风
2018/09/16	23	8	多云	无持续风向	微风
2018/09/17	20	12	多云转小雨	无持续风向	微风
2018/09/18	19	13	小雨	无持续风向	微风
2018/09/19	18	13	小雨转多云	无持续风向	微风
2018/09/20	22	10	晴	无持续风向	微风
2018/09/21	23	10	晴	无持续风向	微风
2018/09/22	25	12	晴	无持续风向	微风
2018/09/23	25	12	晴转多云	无持续风向	微风
2018/09/24	24	14	多云	无持续风向	微风
2018/09/25	23	15	多云转小雨	无持续风向	微风
2018/09/26	19	11	小雨	无持续风向	微风
2018/09/27	15	8	小雨转多云	东北风	1～2 级
2018/09/28	22	8	多云转晴	无持续风向	微风
2018/09/29	22	10	晴转多云	无持续风向	微风
2018/09/30	20	8	多云	无持续风向	微风
2018/10/01	20	7	晴	无持续风向	微风
2018/10/02	21	8	晴	无持续风向	微风
2018/10/03	23	8	晴转	无持续风向	微风
2018/10/04	23	9	晴	无持续风向	微风
2018/10/05	19	7	阴	无持续风向	微风
2018/10/06	18	7	多云	无持续风向	微风
2018/10/07	18	8	多云	无持续风向	微风
2018/10/08	16	6	阴	无持续风向	微风
2018/10/09	18	4	晴	无持续风向	微风
2018/10/10	18	5	多云	无持续风向	微风
2018/10/11	19	4	晴	无持续风向	微风
2018/10/12	20	4	晴	无持续风向	微风
2018/10/13	20	6	多云	无持续风向	微风
2018/10/14	17	7	多云	北风	3～4 级

（续表）

日期（年/月/日）	最高气温（℃）	最低气温（℃）	天气	风向	风力
2018/10/15	20	8	晴	无持续风向	微风
2018/10/16	20	8	晴	无持续风向	微风
2018/10/17	20	4	晴	无持续风向	微风
2018/10/18	17	7	多云	无持续风向	微风
2018/10/19	15	8	小雨	无持续风向	微风
2018/10/20	15	6	多云	无持续风向	微风
2018/10/21	14	5	多云	无持续风向	微风
2018/10/22	12	3	多云	无持续风向	微风
2018/10/23	16	3	晴	无持续风向	微风
2018/10/24	15	4	多云	无持续风向	微风
2018/10/25	12	0	多云	无持续风向	微风
2018/10/26	15	3	晴	无持续风向	微风
2018/10/27	15	2	晴	东北风	1~2 级
2018/10/28	17	3	晴	无持续风向	微风
2018/10/29	18	3	阴	无持续风向	微风
2018/10/30	17	1	晴	无持续风向	微风
2018/10/31	18	0	晴	无持续风向	微风
2018/11/01	21	2	晴	无持续风向	微风
2018/11/02	18	2	多云	无持续风向	微风
2018/11/03	9	4	多云转雨夹雪	无持续风向	微风
2018/11/04	7	3	雨夹雪转多云	无持续风向	微风
2018/11/05	5	−1	雨夹雪	无持续风向	微风
2018/11/06	6	−3	阴转雨夹雪	无持续风向	微风
2018/11/07	6	−4	小雪转多云	无持续风向	微风
2018/11/08	11	−4	晴	无持续风向	微风
2018/11/09	12	−2	晴转多云	无持续风向	微风
2018/11/10	11	1	多云转晴	无持续风向	微风
2018/11/11	12	0	晴转多云	无持续风向	微风
2018/11/12	13	1	晴	无持续风向	微风
2018/11/13	14	0	晴转雨夹雪	无持续风向	微风
2018/11/14	7	2	多云转雨夹雪	无持续风向	微风
2018/11/15	4	−1	多云转小雪	无持续风向	微风
2018/11/16	3	−5	小雪转多云	无持续风向	微风
2018/11/17	4	−4	多云	无持续风向	微风

（续表）

日期（年/月/日）	最高气温（℃）	最低气温（℃）	天气	风向	风力
2018/11/18	7	−4	晴	无持续风向	微风
2018/11/19	9	−4	晴	无持续风向	微风
2018/11/20	5	−4	晴转多云	无持续风向	微风
2018/11/21	8	−6	晴	西南风	2 级
2018/11/22	10	−3	晴转多云	西南风	2 级
2018/11/23	12	−4	晴转多云	西南风	2 级
2018/11/24	10	−2	多云转晴	西北风	1 级
2018/11/25	15	−2	晴转多云	西南风	2 级
2018/11/26	8	−2	浮尘转多云	东北风	2 级
2018/11/27	10	−1	浮尘转晴	西南风	1 级
2018/11/28	11	−1	浮尘转晴	东北风	1 级
2018/11/29	10	−1	多云	东北风	1 级
2018/11/30	7	−3	多云	东北风	2 级
2018/12/01	11	−3	多云转晴	西南风	1 级
2018/12/02	2	−4	浮尘	东北风	3 级
2018/12/03	2	−8	浮尘转多云	东北风	2 级
2018/12/04	2	−8	晴	东北风	1 级
2018/12/05	2	−8	晴转多云	东北风	2 级
2018/12/06	−2	−8	多云	东北风	3 级
2018/12/07	−2	−9	多云转小雪	东北风	2 级
2018/12/08	−1	−8	小雪转多云	东北风	2 级
2018/12/09	2	−10	晴转多云	东北风	1 级
2018/12/10	0	−10	多云转晴	东北风	2 级
2018/12/11	1	−10	晴	东北风	1 级
2018/12/12	3	−9	晴	东北风	1 级
2018/12/13	3	−7	多云转晴	东北风	1 级
2018/12/14	3	−6	多云	东北风	2 级
2018/12/15	3	−7	多云转晴	东北风	1 级
2018/12/16	6	−7	晴	西南风	1 级
2018/12/17	8	−7	晴转多云	西南风	1 级
2018/12/18	5	−5	多云	西北风	1 级
2018/12/19	6	−6	多云转晴	西南风	1 级
2018/12/20	3	−7	多云	东北风	2 级
2018/12/21	2	−5	多云	东北风	2 级

（续表）

日期（年/月/日）	最高气温（℃）	最低气温（℃）	天气	风向	风力
2018/12/22	-1	-10	小雪转晴	东北风	2级
2018/12/23	0	-10	多云转晴	东北风	1级
2018/12/24	0	-8	多云转晴	东北风	1级
2018/12/25	2	-7	多云	东北风	1级
2018/12/26	2	-6	晴转多云	东北风	1级
2018/12/27	-1	-6	阴	东北风	3级
2018/12/28	-5	-10	小雪转多云	东北风	2级
2018/12/29	-1	-11	多云	东北风	1级
2018/12/30	0	-12	晴	东北风	1级
2018/12/31	-3	-11	多云	东北风	1级

第三章　植被演替观测场

第一节　植被演替概念

植被演替和演替类型是生态学中最重要的概念之一，演替的定义有广义和狭义之分，广义上讲是指植物群落随时间变化的生态过程，狭义上讲是指一定地段上群落由一种类型变为另一种类型的质变，且有顺序性的演变过程。一个群落会向该地区稳定性大的群落方向发展，即从结构简单向结构复杂的方向发展，这样的演替成为进展演替，认为在进展演替的过程中，无机营养物质的贮存由环境库逐渐变为生物库，有机物质得到大量积累，群落的多样性和结构的复杂性增加出现分层性和空间异质性，最终达到一种地带性顶极群落。所以演替类型早期阶段物种变化较快，随着演替进行这种变化越来越快。演替开始时，物种数不断上升，最终达到一个稳定数目进行波动。随演替的进行，物种消失率总是下降的，而且其取代速度随时间而减慢的情况随不同的群落和生境而异。逆行演替则与之相反，一些适应不良生境的物种侵入群落并逐渐占据主导地位，物种优势度增加、均匀度减少、生物多样性下降，群落结构简单化，生产力下降，稳定性减弱等。由此可以认为，逆行演替的群落和生态系统就是退化的群落和生态系统，恢复和重建退化生态系统的可能性，取决于人们对生态系统演化机制的理解和对系统自身演替规律的顺应程度。

长期以来，由于人类活动和全球变化的共同影响，松嫩平原、内蒙古高原、鄂尔多斯高原和黄土高原等地的草地及其毗邻的农牧交错带干旱化趋势明显，已成为我国风蚀沙化或盐碱化最严重的地区。各类生态系统的退化和功能失调问题日益突出，生物多样性受到前所未有的威胁，严重影响和制约其生态服务功能，给区域社会经济发展和生态环境带来危害。关于严重退化土地的植被恢复与演替问题，植物学家已开展了大量的研究，并积累了丰富的经验。研究表明：植被恢复与演替与生态系统的退化程度、所处气候条件、土壤环境的演变及其与植物群落之间有密切关系。群落演替的前期阶段，以土壤性的内因动态演替为主，土壤的性质影响着植被的变化，同时也因植被的变化而发生变化。植物群落与土壤这种彼此影响、相互促进的作用，是植被恢复演替的动力，当这种作用达到一定程度时，土壤和植物群落都因受气候因子的限制，达到顶级群落阶段，顶级群落（Climax）即为生态平衡的标志。因此，退化土地在植被恢复的早期阶段，很大程度上受土壤环境因素的制约。土壤因素不仅影响植物群落的发生、发育和演替速度，而且决定着植物群落演替的方向。

在群落形成过程中，作为植物种或群落，对生态环境都有一定的适应幅度。因而，植物种和植物群落的分布都有自己的过渡范围，但是植物种群和植物群落的分布范围是有明显差别的。群落是一个动态系统，植物群落间的演替是群落动态变化的重要表现形式，在当前全球气候发生较大变化，原始植被大面积消失的情况下，探讨植物群落演替的规律对揭示演替过程中群落主要特征的变化过程有着重要的作用。

第二节　植被演替观测场开展的工作

黄土高原地区植物群落的演替系统一般都是随机性系统，在人类对自然植被干扰如此严重的今天，大多数植被的演替过程是在持续或周期性较强的外因干扰下进行的，如像封育和撂荒演替就表现得十分典型。植物的演替阶段，优势种种群更替的顺序、演替的速度、演替的趋势等主要决定于外因的方式、强度和频度。

黄土高原近 50 年来的植被建设取得了许多有益的经验，特别是自 1998 年国家在黄土高原大规模实施退耕还林（草）工程以来，黄土高原植被建设的方式、速度及规模等问题成为人们广泛争议和关注的问题。草原生态系统是陆地生态系统的重要组成部分，约占地区陆地总面积的 24%。多年来，在人类频繁的干扰以及自然环境演变相互交织作用下，我国北方草原生产力明显下降，生态系统严重退化，干旱化与荒漠化进程显著加剧，自然灾害事件频繁发生，从而使典型草原的生态服务功能日益减弱。开垦对草地植物的破坏往往是毁灭性的，要恢复到原有草地的质量和生产力是相当困难的，撂荒地的恢复往往受到耕地年限和经营管理水平及种源和土壤水分恢复的影响。植被群落演替的研究对黄土高原退化生态系统的恢复和重建同样具有重要的生态意义。关于黄土高原的植被建设问题，开展了黄土高原农田保持与生态环境建设试验示范研究，通过研究提出了黄土高原植被建设应以自然恢复为主，自然恢复与人工建造相结合，人工适度干预促进和加速植被自然恢复，建立以乡土树草种为主，合理利用外来种、稳定的防护植被指导思想。

近年来，许多学者专家就黄土高原地区植被演替，开展如下几个方面的研究。许多研究结果已被实施，使的黄土高原生态环境逐步改善。试验站作为黄土高原地区重要试验点，参与其中部分植被演替观测试验。

黄土丘陵区撂荒植被演替过程中的生态效应及其对种间关系的影响机制

黄土丘陵区撂荒演替典型草本植物—土壤反馈研究

黄土丘陵区撂荒地土壤含水量和土壤容重的时空变异特征

黄土丘陵区根际微生物对退耕地植被恢复的响应

黄土丘陵区撂荒地恢复演替的生态学过程及机理研究

黄土丘陵区撂荒演替中根际微生物特性演变特征

黄土丘陵区撂荒草地群落生物量及植被土壤养分效应

黄土丘陵区撂荒演替生态位研究

黄土高原丘陵区撂荒演替及其过程中主要乡土牧草的确定与评价

黄土丘陵区撂荒演替研究—撂荒演替序列
黄土丘陵区撂荒演替过程中的土壤水分效应
黄土丘陵区撂荒演替研究—群落组成与结构分析
黄土丘陵区撂荒演替中期群落异质性研究
黄土丘陵区撂荒演替及主要植物种内、种间竞争研究
不同年限封育对黄土高原典型草原地上植被的影响
封育演替过程中主要植物种群生态位动态分析
半干旱典型草原区封育草地土壤结构特征研究
黄土丘陵区植被自然恢复过程中土壤微生物指标的演变

第三节　植被演替研究方法

野外调查是生态学，特别是植物群落生态学研究的基本方法。由于植物群落生态研究地域性很强，不同的国家和地区形成了不同的研究传统，从而形成了植物群落学研究的学派——法瑞学派、苏联学派、英美学派。现在影响依然很大的当属法瑞学派和英美学派。

本部分主要介绍英美学派和法瑞学派在植物群落学研究中的一些主要方法，其方法既突出英美学派的方法，也重视法瑞学派的传统方法，并强调在实际工作中二者共同结合使用。

一、植被调查的准备工作

（一）背景资料准备

1. 调查研究之初必须明确目的、要求、对象、范围、深度、工作时间、参加的人数，所采用的方法及预期所获的成果。

2. 对调查研究地和对象地前人研究工作要尽可能地收集资料，加以熟悉。

3. 对相关学科的资料也要收集，如地区的气象资料、地质资料、土壤资料、地貌水文资料、林业、畜牧业以及社会、民族情况等。

（二）野外调查设备的准备

海拔表、地质罗盘、GPS、大比尺地形图、望远镜、照相机、测绳、钢卷尺、植物标本夹、枝剪、手铲、小刀、植物采集记录本、标签、样方记录用的一套表格纸、方格绘图纸、土壤剖面的简易用品等，如果有野外考察汽车、野外充气尼龙帐篷及简易餐具则更好。

（三）调查记录表格的准备

1. 野外植被（森林、灌丛、草地等）调查的样地（样方）记录总表，该总表是根据法瑞学派的方法而设计的，也可用于英美学派。目的在于对所调查的群落生境和群落特点有一个总的记录（表3-1）。

2. 法瑞学派的野外样地记录分表，只有一个格式的表，对于样地中的乔木层、乔木亚层、灌木层、草木层、藤木和附生等均通用。既通用于各类森林群落，也通用于灌

从和草地以及水生植物群落等（表 3-2）。

3. 英美学派森林群落野外样方调查表（分表），因为英美学派对森林的不同层次有不同调查项目和不同的样方面积，故可分乔木层、灌木层、草本层等不同的表格（表 3-3、表 3-4、表 3-5）。

二、选样原则

（一）一般原则

1. 一般了解，重点深入，并设点对照。

2. 大处着眼，小处着手；动态着眼，静态着手；全面着眼，典型着手。

3. 3 个一致性：外貌结构一致性，种类成分一致性，生境特点一致性。

4. 6 个特征要接近：①种类成分要接近；② 结构形态要接近；③ 外貌季相要接近；④ 生态特征要接近；⑤ 群落环境要接近；⑥ 外界条件要接近。

表 3-1　植物群落野外样地记录汇总

<table>
<tr><td>群落名称</td><td colspan="5"></td><td>野外编号</td><td colspan="3"></td></tr>
<tr><td>记录者</td><td colspan="2"></td><td>日期</td><td colspan="2"></td><td>室内编号</td><td colspan="3"></td></tr>
<tr><td>样地面积</td><td colspan="2"></td><td>地点</td><td colspan="6"></td></tr>
<tr><td>海拔高度</td><td></td><td>坡向</td><td></td><td>坡度</td><td></td><td>群落高</td><td></td><td>总盖度</td><td></td></tr>
<tr><td>主要层优势种</td><td colspan="9"></td></tr>
<tr><td>群落外貌特点</td><td colspan="9"></td></tr>
<tr><td>小地形及样地周围环境</td><td colspan="9"></td></tr>
<tr><td rowspan="5">分层及各层特点</td><td rowspan="5" colspan="3"></td><td></td><td>层</td><td>高度</td><td></td><td>层盖度</td><td></td></tr>
<tr><td></td><td>层</td><td>高度</td><td></td><td>层盖度</td><td></td></tr>
<tr><td></td><td>层</td><td>高度</td><td></td><td>层盖度</td><td></td></tr>
<tr><td></td><td>层</td><td>高度</td><td></td><td>层盖度</td><td></td></tr>
<tr><td></td><td>层</td><td>高度</td><td></td><td>层盖度</td><td></td></tr>
<tr><td>突出的生态现象</td><td colspan="9"></td></tr>
<tr><td>地被物情况</td><td colspan="9"></td></tr>
<tr><td>此群落还分布于何处</td><td colspan="9"></td></tr>
<tr><td>人为影响方式和程度</td><td colspan="9"></td></tr>
<tr><td>群落动态</td><td colspan="9"></td></tr>
</table>

表 3-2　植物群落野外样地记录（表头设计）

群落名称________________　样地面积____________　野外编号________　第____页

层次名称__________　层高度________　层盖度______　调查时间____　记录者______

编号	多优度—群集度	植物名称	高度（m）		粗度（cm）		物候期	生活力	生活型	附记
			一般	最高	一般	最大				

表 3-3　乔木层野外样方调查（表头设计）

群落名称________________　样地面积____________　野外编号________　第____页

层次名称__________　层高度________　层盖度______　调查时间____　记录者______

编号	植物名称	高度	株数	盖度	物候期	生活力	附记

表 3-4　灌木层野外样方调查

群落名称＿＿＿＿＿＿＿＿　样地面积＿＿＿＿＿＿　野外编号＿＿＿＿　第＿＿页
层次名称＿＿＿＿＿　层高度＿＿＿＿　层盖度＿＿＿　调查时间＿＿　记录者＿＿＿

编号	植物名称	高度（m）		冠径（m）		丛径（m）		株丛数	盖度（%）	物候期	生活力	附记
		一般	最高	一般	最大	一般	最大					

表 3-5　草木层野外样方调查

群落名称＿＿＿＿＿＿＿＿　样地面积＿＿＿＿＿＿　野外编号＿＿＿＿　第＿＿页
层次名称＿＿＿＿＿　层高度＿＿＿＿　层盖度＿＿＿　调查时间＿＿　记录者＿＿＿

编号	植物名称	花序高（cm）		叶层高（cm）		冠径（cm）		丛径（cm）		株丛数	盖度（%）	物候期	生活力	附记
		一般	最高	一般	最高	一般	最高	一般	最高					

（二）法瑞学派选样特点

一般采用典型选择原则，即在每一个群丛中个体内选一个典型的、一致性的群落地段作为样地。一般对一个植被类型要选择 10 个左右的样地，多几个更好。每一个群丛个体，不管面积大小，通常只选一个样地（图 3-1）。法瑞学派的选样，即使是主观的典型选样，每个群丛个体只选一个样地，实际上这也带有随机的客观性。

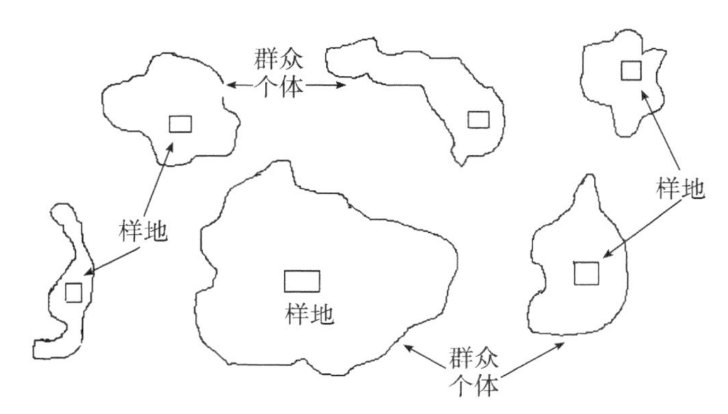

图 3-1　法瑞学派选样特点

（三）英美学派选样特点

一般有 3 种：

1. 典型选样

即按主观的要求选样。

2. 定距或系统选样

按一定距离或一定方式选样。

3. 随机选样

任意的、不规则的选样，这一学派常常在一片群落地段上系统或随机选样（图 3-2）。

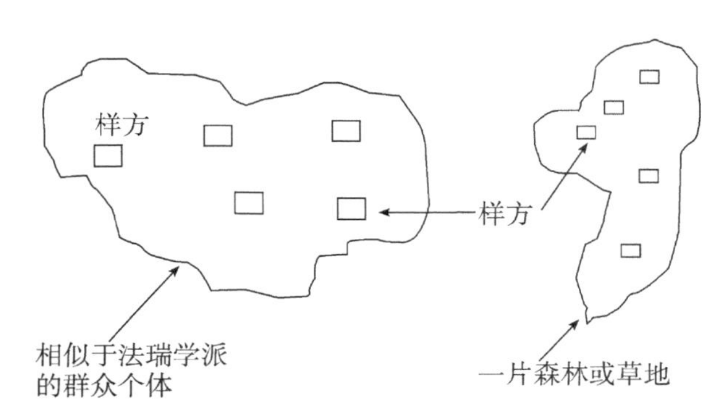

图 3-2　英美学派选样特点

三、取样方法

（一）种—面积曲线的编绘

样方调查是野外生态学最常用的研究手段，要进行样方调查，首先要确定样方面积。样方面积一般应不小于群落的最小面积，所谓最小面积，就是最少有这样大的空间，才能包含组成群落的大多数植物种类。最小面积通常是根据种—面积曲线的绘制来确定的。

1. 一般说明

在拟研究群落中选择植物生长比较均匀的地方，用绳子圈定一块小的面积。对于草本群落，最初的面积为10cm×10cm，对于森林群落则至少为5m×5m。登记这一面积中所有植物的种类，然后，按照一定的顺序成倍扩大，每扩大一次，就登记新增加的植物种类。开始，植物种类数随着面积扩大而迅速增加，逐步面积增加但数目降低，最后面积扩大时植物种类很少增加。

2. 样方面积扩大的方式

关于面积的扩大，法国的生态学工作者提出巢式样方法。即在研究草本植被类型的植物种类特征时，所用样方面积最初为1/64m^2，之后依次为1/2m^2，1m^2，2m^2，4m^2，8m^2，16m^2，32m^2，64m^2，128m^2，256m^2，512m^2，依次记录相应面积中物种的数量，把含样地总种数84%的面积作为群落最小面积。

3. 针对不同的群落类型，巢式样方起始面积和面积扩大的级数有所不同，但可参考如表3-6的形式进行设计。其中顺序面积种类有：1/64m^2、1/32m^2、1/16 m^2、1/8m^2、1/4m^2、1/2m^2、1m^2、2m^2、4m^2、8m^2、16m^2、32m^2、64m^2、12m^2、256m^2等，将以上获得的结果，在坐标纸以面积为横坐标、种类数目为纵坐标作图，可以获得群落的最小面积。

表3-6　巢式样方记录

<table>
<tr><td>1</td><td>2</td><td rowspan="3">5</td><td rowspan="3">6</td><td rowspan="5">9</td><td rowspan="5">10. 调查顺序</td></tr>
<tr><td colspan="2">3</td></tr>
<tr><td colspan="2">4</td></tr>
<tr><td colspan="4">7</td></tr>
<tr><td colspan="4">8</td></tr>
</table>

群落类型与最小面积一般环境条件越优越，群落的结构越复杂，组成群落的植物种类就越多，相应地最小面积就越大。如在我国西双版纳热带雨林群落，最小面积至少为2 500m^2，其中包含的主要高等植物多达130种，而在东北小兴安岭红松林群落中，最小面积约400m^2，包含的主要高等植物有40余种，在戈壁草原，最小面积只要1m^2左右，包含的主要高等植物可能在10种以内。

（二）样方法

样方，即方形样地，是面积取样中最常用的形式，也是植被调查中使用最普遍的一种取样技术。但其他形式的样地也同样有效，有时效率更高，如样圆。

样方的大小、形状和数目，主要取决于所研究群落的性质、采用的学术思路（如英美学派还是法瑞学派）。一般地，群落越复杂，样方面积越大，形状也多以方形为多，取样的数目一般也不少于 3 个。取样数目越多，取样误差越小。

野外做样方调查时，如果样方面积较大，多用样绳围起样方；如果样方面积较小，可用多个 1m 的硬木条折叠尺，经固定摆放围起即可。

因工作性质不同，样方的种类很多：

1. 记名样方

主要是用来计算一定面积中植物的多度、个体数或茎蘖数。比较一定面积中各种植物的多少，就是精确地测定多度。

2. 面积样方

主要是测定群落所占生境面积的大小，或者各种植物所占整个群落面积的大小。这主要用在比较稀疏的群落里。一般是按照比例把样方中植物分类标记到坐标纸上，然后再用求积仪计算。有时根据需要，分别测定整个样方中全部植物所占的面积（面积样方），以及植物基部所占的面积（基面样方）。这些在认识群落的盖度、显著度中是不可缺少的。

3. 重量样方

主要是测定一定面积样方内群落的生物量。将样方中地上或地下部分进行收获称重，研究其中各类植物的地下或地上生物量。对于草本植物群落，该方法是适用的；对于森林群落，多采用体积测定法。

4. 永久样方

为了进行追踪研究，可以将样方外围明显的标记进行固定，从而便于以后再在该样方中进行调查。一般多采用较大的铁片或铁柱在样方的左上方和右下方打进土中深层位置，以防位置移动。

（三）样带法

为了研究环境变化较大的地方，以长方形作为样地面积，而且每个样地面积固定，宽度固定，几个样地按照一定的走向连接起来，就形成了样带。样带的宽度在不同群落中是不同的，在草原地区 10~20cm，灌木林 1~5m，森林 10~30m。

有时，在一个环境异质性比较突出、群落也比较复杂多变的群落调查时，为了提高研究效率，可以沿一个方向、中间间隔一定的距离布设若干平行的样带，再在与此相垂直的方向，同样布设若干平行样带。在样带纵横交叉的地方设立样方，并进行深入地调查分析。

（四）样线法

用一条绳索系于所要调查的群落中，调查在绳索一边或两边的植物种类和个体数。样线法获得的数据在计算群落数量特征时，有其特有的计算方法，它往往根据被样线所截的植物个体数目、面积等进行估算。

（五）无样地取样法

无样地法是不设立样方，而是建立中心轴线，标定距离，进行定点随机抽样。无样地法有很多具体的方法，比较常用的是中点象限法。

在一片森林地上设若干定距垂直线（借助地质罗盘用测绳拉好）。在此垂直线上定距（比如 15m 或 30m）设点。各点再设短平行线形成四分之象限（图 3-3）。

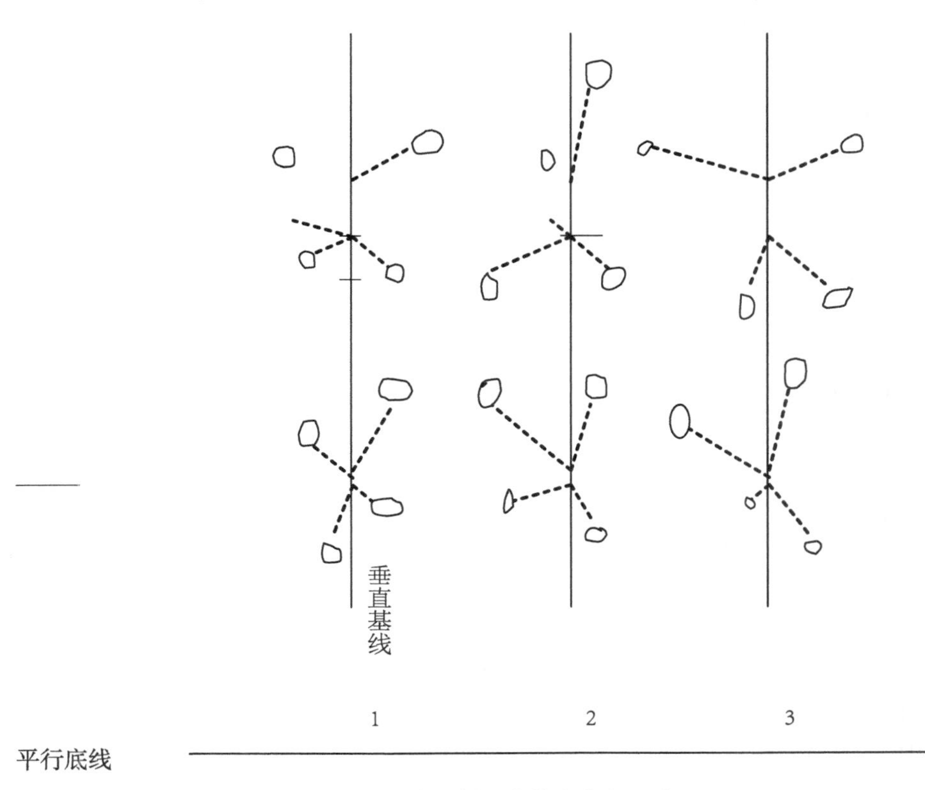

图 3-3　无样地取样法中的中点象限法

在各象限范围测一株距中心点最近的，胸径大于 11.5cm 的乔木，要记下此树的植物学名，量其胸径或圆周，用皮尺测量此树到中心点的距离。同时在此象限内再测一株距中心点最近的幼树（胸径 2.5~11.5cm），同样量胸径或圆周，量此幼树到中心的距离。有时不测幼树，每个中心点都要作 4 个象限，在中心点（或其附近）选作一个 $1m^2$ 或 $4m^2$ 的小样方，记录小样方内灌木、草木及幼苗的种名、数量及高度。

在我国亚热带常绿阔叶林及其次生林中采用这个方法，据说 20 个中心点的数据可以与 2 个 $500m^2$ 样方的精确度相当。同样该方法也可用于草地群落，只是相关的距离要根据实际情况进行调整。

四、群落特征的描述和度量

（一）多优度—群聚度的估测及其准则

多优度和群聚度相结合的打分法和记分法是法瑞学派的传统的野外工作方法。它是一种主观观测的方法，要有一定的野外经验，这一方法与重视植物种类组成相结合构成了这一学派的特色。

有两个等级，即多优度等级和群聚度等级，准则如下。

多优度等级（即盖度—多度级，共6级，以盖度为主结合多度）：

5：样地内某种植物的盖度为75%以上者（即3/4以上者）；

4：样地内某种植物的盖度为50%~75%（即1/2~3/4）；

3：样地内某种植物的盖度为25%~50%（即1/4~1/2）；

2：样地内某种植物的盖度为5%~25%（即1/20~1/4）；

1：样地内某种植物的盖度为5%以下，或数量尚多者；

+：样地内某种植物的盖度很少，数量也少，或单株。

群聚度等级（5级，聚生状况与盖度相结合）：

5：集成大片，背景化；

4：小群或大块；

3：小片或小块；

2：小丛或小簇；

1：个别散生或单生。

因为群聚度等级也有盖度的概念，故在中、高级的等级中，多优度与群聚度常常是一致的，故常出现5.5、4.4、3.3等记号情况，当然也有4.5、3.4等情况，中级以下因个体数量和盖度常有差异，故常出现2.1，2.2，2.3，1.1，1.2，+，+0.1，+0.2的记号情况。

（二）物候期的记录

这是全年连续定时观察的指标，群落物候反映季相和外貌，故在一次性调查之中记录群落中个种植物的物候期仍有意义。在草本群落调查中，则更显得重要。

物候期的划分和记录方法各种各样，有分五个物候期的，如营养期、花蕾期、开花期、结实期、休眠期。

我们经过多年实践，发现以分为以下6个物候期记录为好：

1. 营养期：——或者不记；

2. 花蕾期或抽穗期：V；

3. 开花期或孢子期：O（可再分：初花 ⊃；盛花O：末花C）；

4. 结果期或结实期：+（可再分：初果┴；盛果+；末果┬）；

5. 落果期、落叶期或枯黄期：～～（常绿落果～～）；

6. 休眠期或枯死期：Λ（一年生枯死者可记X）。

如果某植物同时处于花蕾期、开花期、结实期，则选取一定面积，估计其一物候期达50%以上者记之，其他物候期记在括号中，例如开花期达50%以上者，则记O（V，+）。

（三）生活力的记录

生活力又称生活强度或茂盛度，这也是全年连续定时记录的指标。一次性调查中只记录该种植物当时的生活力强弱，主要反映生态上的适应和竞争能力，不包括因物候原因而生活力变化者。

生活力一般分为 3 级：

强（或盛）：●（营养生长良好，繁殖能力强，在群落中生长势很好）；

中：不记（中等或正常的生活力，即具有营养和繁殖能力，生长势一般）；

弱（或衰）：○（营养生长不良，繁殖很差或不能繁殖，生长势很不好）。

（四）盖度（总盖度、层盖度、种盖度）的测量

群落总盖度是指一定样地面积内原有生活着的植物覆盖地面的百分率，这包括乔木层、灌木层、草本层、苔藓层的各层植物。所以相互层之重叠的现象是普遍的，总盖度不管重叠部分，只要投影覆盖地两者都同等有效。如果全部覆盖地面，其总盖度为 100%，如果林内有一个小林窗，地表正好都为裸地，太阳光直射时，光斑约占盖度的 10%，其他地面或为树木覆盖，或为草本覆盖，故此样地的总盖度为 90%，总盖度的估测对于一些比较稀疏的植被来说，是具有较大意义的。草地植被的总盖度可以采用缩放尺实绘于方格纸上，再按方格面积确定的盖度百分数。

层盖度指各分层的盖度，乔木层有乔木层的盖度，草木层有草木层的盖度。实测时可用方格纸在林地内绘制，比之估测要准确得多。然而，有经验的地植物学工作者都善于目测估计各种盖度。

种盖度指各层中每个植物种所有个体的盖度，一般也可目测估计。盖度很小的种，可略而不计，或记小于 1%。

个体盖度即指上述的冠幅、冠径，是以个体为单位，可以直接测量。

由于植物的重叠现象，故个体盖度之和不小于种盖度，种盖度之和不小于层盖度，各层盖度之和不小于总盖度。

（五）多度和聚生多度

1. 多度英美学派的多度是多度百分数，又称相对多度，是植被研究中经常用的一个指标。多度要以株数为基础，即为某种植物在单位面积内的百分数。计算公式如下：

多度=样方内某种植物的株数/样方内各种植物的总株数×100

必须在同一个层次内或者相同的生长型内进行多度的计算，否则没有太大意义。

2. 聚生度聚生多度又称德氏多度，是 Drude 首先应用而得名，这一多度概念源于欧洲，以后为苏联学派采用。我国自苏联引入，现已不多用。这一多度与法瑞学派的多度等级制基本上相似，是一种用代号表示的相对等级。

聚生多度共有 6 个多度级和 2 个聚生度级，均以植物种为单位，乔、灌、草分层估测。

多度级：cop3——很多；cop2——多；cop1——尚多；sp——不多而分散；sol——少或个别；un——单株；

聚生度级：soc——个体相互靠拢成大片或背景化；gr——丛生成小团块或小块聚生；

多度和聚生度可以连用，如：cop3. soc——很多且聚成大片；sp. gr——不多但小块聚生。

（六）频度和相对频度

法瑞学派和英美学派对频度这一指标的概念和应用稍有不同。法瑞学派把频度和存

在度的概念严格地分开，它的频率限于群丛个体范围内某种植物在各样地中的出现率。而英美学派的频度概念是广义的，它包括了法瑞学派的频度和存在度，是指某种出现样方数的百分率，不管样方设在群丛个体之内或之间，这里指的是英美学派的频度，其公式如下：

频度＝某种植物出现的样方数/样方总数×100

相对频度是指一个群落中在已算好的各个种的频度的基础上，再求算一下各个种的频度相对值，其公式如下：

相对频度＝某种植物的频度/全部植物的频度之和×100

第四节　生态学实验数据处理的基本方法

处理数据和获取数据一样，都是科学研究中的核心环节之一。实验数据的处理方法有很多的专业书籍介绍，这里仅提供涉及生态学本科学生实验常用的一些数据处理方法。具体的运算可以通过计算机专业软件或相关软件来完成。

生态实验获得的数据最基本处理过程如图 3-4 所示。

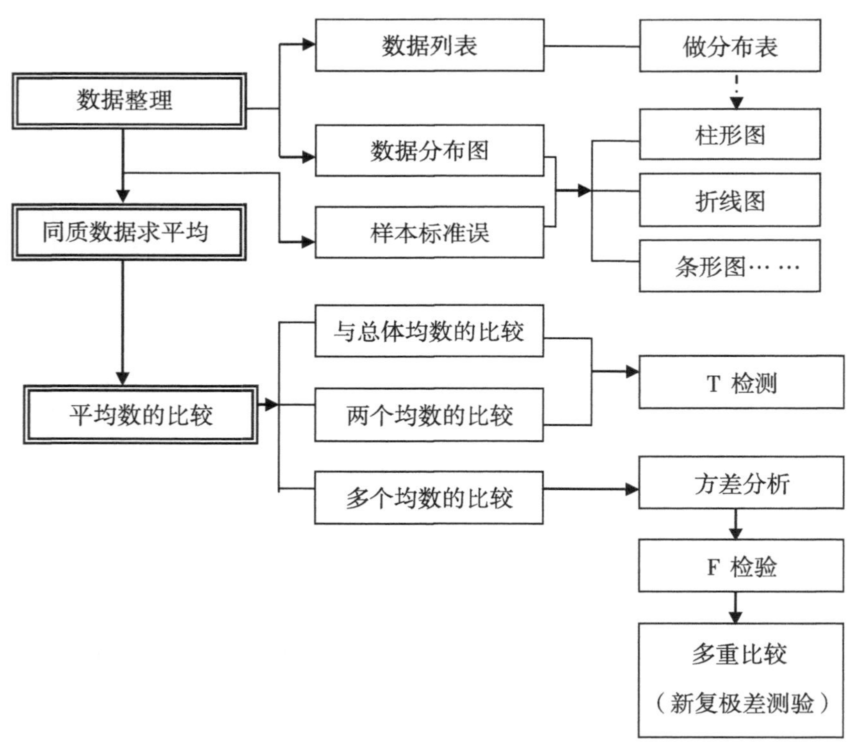

图 3-4　生态学实验数据处理流程

一、数据的分布

生态学中研究经过获得的数据是很多的，未加整理的数据很难进行分析。通过对观察得到的数据通过一定的规则进行整理分析，就可以看到资料的集中程度和分布状况。

（一）分布表

表 3-7 是不同生态条件下某植物生长高度的分布状况。通过归类表示后，可以比较清楚地反映两种不同生态条件下植物高度的差异性。

表 3-7　不同生态条件下某种植物高度的次数分布

高度范围（cm）	生态条件 1（株）	生态条件 2（株）
20～25	6	4
25～30	11	8
30～35	26	19
35～40	18	21
40～45	8	5
45～50	4	3

（二）次数分布图

次数分布图可以更形象地反映次数的分布状况。常使用的图形有：柱形图（图 3-5），折线图（图 3-6），条形图（图 3-7）等。这些图形可以在 OFFICE 办公套件中的 EXCEL 软件中绘出。

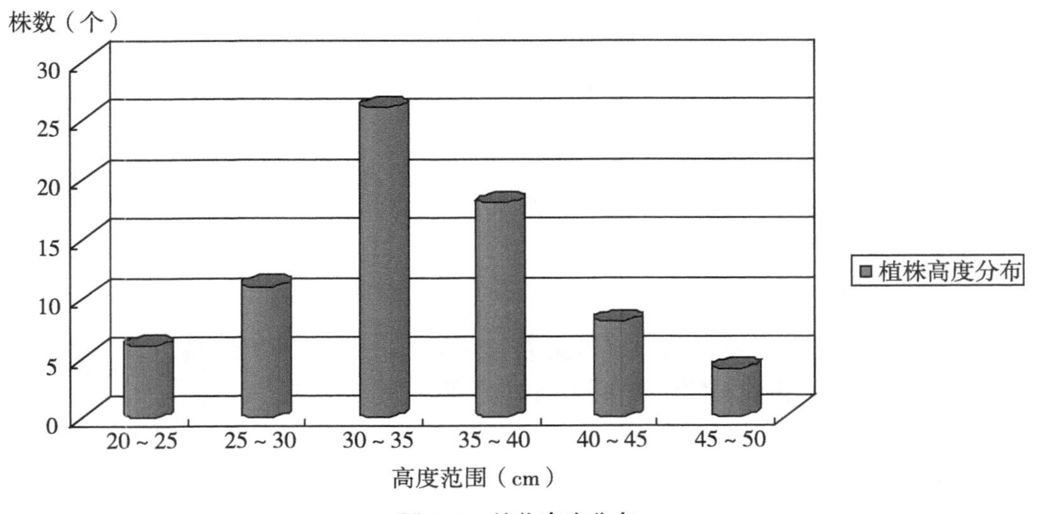

图 3-5　植物高度分布

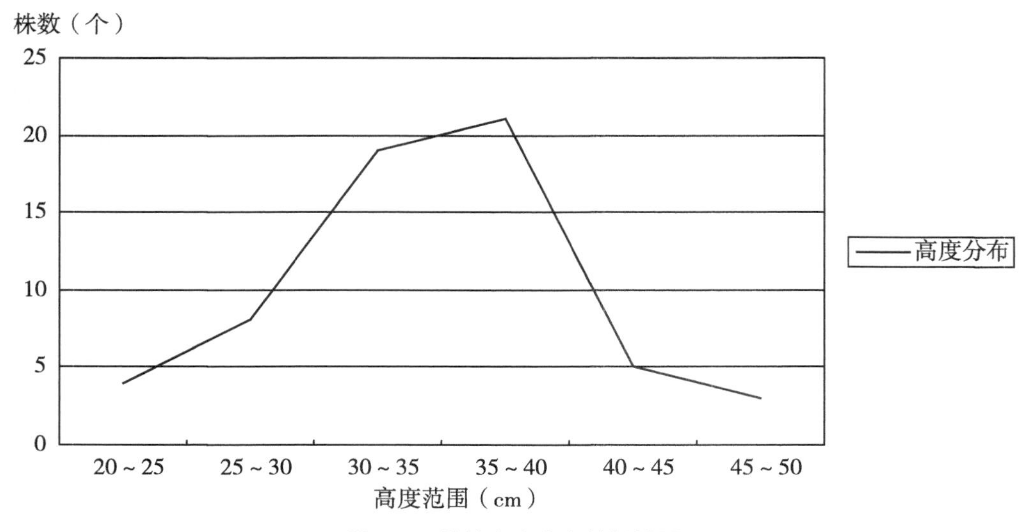

图 3-6　植株高度分布的折线图

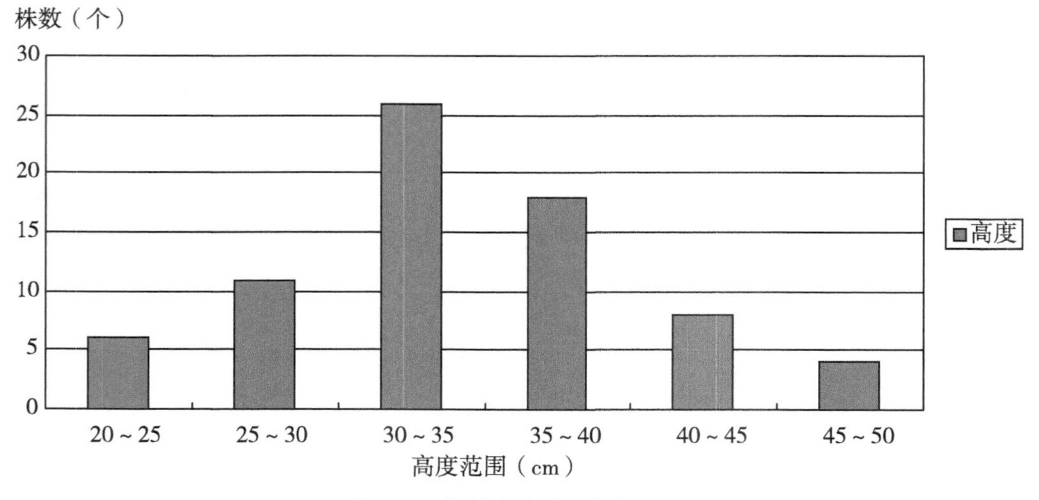

图 3-7　植株高度分布的条形图

二、平均数

平均数是数据分析中最常使用的结果表示方法，它是数据的代表值，表示实验数据的中心位置，往往作为资料的代表与另一组同类资料进行比较。

平均数的种类比较多，如算术平均数、中数、众数和几何平均数。由于算术平均数是最常用的平均数，这里只介绍算术平均数的计算方法。

一组数据资料中各个数据的总和除以数据的个数所得的商数，成为算术平均数。一般记为 $\overline{X}$，算术平均数的计算方法有两个。

（一）直接计算

将所有的观测值 X_1，X_2，X_3……X_n 直接相加再除以观测值的个数 n，写公式为：

$$\overline{X}=\frac{X_1+X_2+X_3+\cdots+X_n}{n}=\frac{\sum_{i=1}^{n}X_i}{n} \qquad （式 3-1）$$

（二）加权法

当观测值中相同值的个数较多时，可将观测值的个数，即频数 f，乘以该观测值，以替代相同观测值逐个相加。计算公式为：

$$\overline{X}=\frac{f_1X_1+f_2X_2+f_3X_3+\cdots+f_nX_n}{f_1+f_2+f_3+\cdots+f_n}=\frac{\sum_{i=1}^{n}f_iX_i}{\sum_{i=1}^{n}f_i} \qquad （式 3-2）$$

（三）方差、标准差、变异系数

算术平均数只能反映同质观察数据组的平均观测值大小，而不能反映数据组集中的程度。方差、标准差则可以反映平均值的离散程度。

（四）总体方差、总体标准差

总体观测值中的每个观测值（x）与该组观察值的总体平均数（μ）之差，称为离均差，离均差平方和的平均数就是总体方差（σ2）。可用如下公式表示：

$$\sigma^2=\frac{\sum(x-\mu)^2}{N} \qquad （式 3-3）$$

总体方差的方根，即为总体标准差（σ）：

$$\sigma=\sqrt{\frac{\sum(x-\mu)^2}{N}} \qquad （式 3-4）$$

（五）样本方差、样本标准差

在实际工作中，我们掌握的是样本资料（n 个），而不是总体资料（N 个），这样 μ 就是未知数，从而不得不用平均数 $\bar{x}$ 来估计。由于取样误差，$\bar{x}$ 并不总就是 μ。在统计学上，为了最大可能地减少这种偏差，样本标准差（s）的计算常用如下公式：

$$s=\sqrt{\frac{\sum(x-\bar{x})^2}{n-1}} \qquad （式 3-5）$$

样本方差常用 SS 表示，其计算公式为：

$$SS=\sum x^2-\frac{(\sum x)^2}{n-1} \qquad （式 3-6）$$

（六）变异系数

变异系数又成为离散系数，用 CV 表示，它是指标准差与平均数 M 之比的百分数，公式为：

$$CV=\frac{s}{\bar{x}}\times100\% \qquad （式 3-7）$$

第五节　数据的表示

生态学研究往往是用样本的信息来推断总体的特征，由于抽样误差，样本的平均数并不恰好等于总体平均数，这样由抽样导致的样本平均数与总体平均数之差称为均数的抽样误差。同时，也由于取样的多少不同，所得样本的均数之间也不一定相等。样本均数是否能够反映总体均数，取决于研究工作对正确性的要求。这个正确性的水平就是检验水平（α）。

检验水平 $\alpha=0.05$ 表示的意思是，用一样本均数（M）估计未知总体均数，理论上有95%（1−α）的正确水平。这时均数的可信区间为：

$$\left(\bar{x}-t_{\alpha,v}\cdot\frac{s}{\sqrt{n}},\ \bar{x}+t_{\alpha,v}\right)\frac{s}{\sqrt{n}} \qquad \text{（式 3-8）}$$

式中，$\bar{x}$ 为样本均数，n 为样本数量，v 为自由度（$v=n-1$），$t_{\alpha,v}$ 为在检验水平为 α、自由度为 v 时查 t 值表时得到的 t 值，s 为样本标准差。

在科学研究中，常常是用 $\bar{x}\pm t_{\alpha,v}\frac{s}{\sqrt{n}}$ 的方式表示数据的。有时，为了方便起见，在注明的条件下，也常用（$\bar{x}\pm s$）形式表示。

第六节　数据的检验

一、样本均数与总体均数比较的 t 检验

这种检验主要是推断样本均值 $\bar{x}$ 所代表的未知总体均数 μ 与已知的总体未知均数 μ_0 是否相等，这时首先计算统计量 t 值：

$$t=\frac{\bar{x}-\mu_0}{s_{\bar{x}}}=\frac{\bar{x}-\mu_0}{s/\sqrt{n}} \qquad v=n-1 \qquad \text{（式 3-9）}$$

查阅 t 表，得到 α 值，如果 $\alpha>0.05$，一般认为是没有差异；如果 $0.01>\alpha>0.05$，认为有显著差异；如果 $\alpha<0.01$，认为达到极显著差异。

二、成对数据资料的比较

这类数据组间的比较，首先是计算各对数据之间的差值 d 及其均数 $\bar{d}$，这样两组成对数据之间的比较就转化成了其差数的均数 $\bar{d}$ 与 0 之间的比较。首先计算统计量 t 值：

$$t==\frac{\bar{d}}{s_d/\sqrt{n}} \qquad \text{（式 3-10）}$$

其中 s_d 由（式 1-5）得到：

$$s_d = \sqrt{\frac{\sum d^2 - (\sum d)^2/n}{n - 1}} \quad \text{（式 3-11）}$$

$$v=n-1$$

同样根据查阅 t 表，得到 α 值，如果 $\alpha>0.05$，一般认为是没有差异；如果 $0.01>\alpha>0.05$，认为有显著差异；如果 $\alpha<0.01$，认为达到极显著差异。

三、两样本均数的比较

原理同上，主要是计算出 t 值，确定好自由度 v，然后查阅 t 表，查阅可信度区间。通过比较实际的置信度区间和要求的置信度区间的差异，判定样本均数的有无差异性。

若样本 1 的观测数有 n_1 个，样本 2 的观测数有 n_2 个，它们的均数分别为$\overline{x_1}$、$\overline{x_2}$，则：

$$t = \frac{\overline{x_1} - \overline{x_2}}{\sqrt{\frac{\sum x_1^2 + \sum x_2^2 - (\sum x_1)^2/n_1 + (\sum (x_2)^2/n_2}{n_1 + n_2 - 2}(\frac{1}{n_1} + \frac{1}{n_2})}}$$

（式 3-12）

$$v=n_1+n_2-2$$

如果 $n_1=n_2$ 时，上式可以简化为：

$$t = \frac{\overline{x_1} - \overline{x_2}}{\sqrt{\frac{\sum x_1^2 + \sum x_2^2 - [(\sum x_1)^2 + (\sum (x_2)^2]/n}{n(n - 1)}}} \quad \text{（式 3-13）}$$

四、方差分析

以上所涉及的数据检验主要是针对两个样本均数的检验，对于多个样本均数的比较，则需要采用方差分析。

（一）基本原理

方差分析的基本思想是把全部观测值之间的变异——总变异，按设计和需要分为两个或多个部分进行分析。一般地，将总变异分隔成各个因素的相应变异，作出其数量估计，从而发现各个因素在变异中所占的重要程度；而且除了可控因素所引起的变异后，其剩余变异又可提供试验误差的准确而无偏的估计，作为统计假设测验的依据。

（二）分析过程

方差和自由度，设有 k 组样本，每样本皆具 n 个观测值，则共有 nk 个观测值。这些观测值的总变异 S_T^2 由组间变异 S_t^2 和组内变异 S_e^2 构成。它们可以分别按下式计算得到：

$$s_T^2 = \frac{\sum (x - \bar{x})^2}{nk - 1} \quad \text{（式 3-14）}$$

$$s_t^2 = \frac{\sum (\overline{x_j} - \bar{x})^2}{k - 1} \quad \text{（式 3-15）}$$

$$s_e^2 = \frac{\sum\sum(x-\overline{x_i})^2}{k(n-1)} \quad \text{（式 3-16）}$$

这里 $i=1, 2, 3\cdots\cdots k$；$j=1, 2, 3\cdots\cdots n$

总变异自由度：$nk-1$；

组间自由度：$k-1$；

组内自由度：k（$n-1$）。

F 测验根据以上方差分析结果，可以得到 F 值：

$$F=\frac{s_t^2}{s_e^2} \quad \text{（式 3-17）}$$

将计算得到的 F 值查表得到的 F_a 值（在以上特定的自由度和拟定的显著水平上）进行比较，进行判断。如果 $F>F_a$，则说明组间变异量显著地大于组内变异量，即不同处理间的结果是有差异的。

多重比较 F 检测得到的结果是一个整体差异，即说明处理组的平均值是有显著差异的，但并不说明各个平均数之间都有显著差异，也不能说明是一部分平均数有差异，而另外一部分平均数间没有差异。为此需要对各平均数进行多重比较。

多重比较方法很多，这里只介绍最常用的 Duncan 法，又称为新复极差测验（SSR），它的计算过程分别可以表示为：

计算平均数的标准误 SE 当各样本的容量均为 n 时，

$$SE=\sqrt{\frac{s_e^2}{n}} \quad \text{（式 3-18）}$$

查 SSR 表，可以得到在 s_e^2 在各自由度下，$p=2, 3\cdots\cdots k$ 时的 SSRa 值，进而算得各个 p 下的最小显著极差 LSR（p 为某两极差间所包含的平均数个数）：

$$LSR_a = SE \times SSR_a \quad \text{（式 3-19）}$$

将各平均数按大小顺序排列，用各个 p 的 LSRa 值测验各平均数两极差的显著性：凡是两极差<LSRa，即认为两个平均数间在 a 水平上没有差异，凡极差≥LSRa，即两极差在 a 水平上差异显著。

结果表示多重比较的结果表示方法很多，但目前国际上生态学主要刊物大多采用 Duncan 法表示。它的表示方法如下。

将全部平均数从大到小一次排列，然后在最大的平均数上标上字母 a，并将该平均数与以下各平均数相比，凡相差不显著的（$<LSR_a$的），都标记上 a，直至某个与之相差显著的平均数标以字母 b；再以标有 b 的平均数为标准，与上方各个比它的平均数比，凡不显著的继续以字母 b 标记，直到某一个与之相差显著的平均数标以 c。如此重复下去，直到最小的一个平均数有了标记字母为止。这样，各个平均数间，凡有一个相同字母的即为差异不显著，凡具有不同字母的即为差异显著。

在实际应用中，为了区分 0.05 和 0.01 水平上的差异性，以小写字母表示 0.05 水平，以大写字母表示 0.01 水平。

第四章　生物观测场

第一节　土壤养分监测数据

兰州市地处我国黄土高原、青藏高原和蒙新高原的过渡地带，属我国黄土高原的最西端，立地区划为甘肃黄土高原陇中北部黄土丘陵、河谷盆地类型区。该区位于黄土高原、青藏高原和内蒙古高原交会地带，地形以黄土丘陵为主，具有黄土高原特征，水土流失严重，植被稀疏，自然环境较差，大部分为以荒山荒坡为主的荒漠化土地。地势北高南低，兰州市气候类型属于北温带半干旱大陆性季风气候，市区年均降水量 320mm，主要集中在夏秋两季（7—10 月），年蒸发量 1 446mm，为年平均降水量的近 5 倍。兰州市郊南北两山位于 35°58′54″N～36°11′20″N、103°23′47″E～103°58′09″E，总面积 12 309. 1hm^2。南山区属干草原地带的最北端，也是甘肃省 400mm 降水量的临界线，海拔 1 560～2 171m，坡度由东向西逐渐趋于平缓，除前山基部和沟壑底部有红土母质裸露外，山梁和沟坡上部均为风成黄土所覆盖，土壤类型多为暗灰钙土，土层深厚、土壤瘠薄，pH 值为 7. 8～8. 2。北山区属半荒漠地带，降水在 300mm 以下。地势北高南低，由西北向东南方向倾斜，海拔 1 560～2 067m，坡度一般在 30°以上。土壤以淡灰钙土为主，颗粒较粗，沟坡分布有红胶泥和红沙土，土质疏松、土壤瘠薄，pH 值为 8. 0～9. 0。

兰州南北两山不同植被下土壤养分的含量总体呈随土层深度的增加而减少的趋势，0～10cm 土层养分含量明显高于 10～20cm 和 20～30cm 土层。这种垂直变化趋势在有机质含量方面表现尤为明显（表 4-1），其中柠条和枸杞林地有机质含量的垂直变化最明显。在南山地区，枸杞和柠条林地 0～10cm 土层有机质含量分别是 10～20cm 土层的 176. 8%和 177. 6%；在北山地区，枸杞和柠条林地 0～10cm 土层有机质含量分别是 10～20cm 土层的 198. 8 %和 177. 1%。土壤有机质含量在垂直方面的明显变化主要是由于土壤上生长的植物残体和根系分泌物是有机质的主要来源，研究地植被凋落物量在土壤表层形成枯枝落叶层，提供了大量的腐殖质，使得表层有机质含量明显高于深层土壤。这种垂直变化的趋势在土壤全氮含量方面表现不明显，特别是在 10～20cm 和 20～30cm 土层上，大部分林地的 10～20cm 和 20～30cm 土层中全氮含量基本相同。因为在 10～20cm 和 20～30cm 土层中，好气性微生物数量由于土壤含氧量的减少而减少，有机质的分解强度也随之减弱，这也进一步验证了张灵等提出的黄土高原土壤氮素主要取决于生物量的积累和土壤有机质分解的强度。南山地区的土壤养分含量普遍高于北山地区，这与南山地区的年均降水量大于北山地区有关，根据兰州地区各个雨情观测站的数据汇总，调查样地内降水量的南北差异平均在 70mm 左右。土壤的水分条件与地上生物量密切相关，水分条件越好，地上生物量积累越多、植物残体和根系分泌物越多。因此，南山的土壤养分含量高于北山。5 种林地土壤中磷的含量随着土壤的深度增加而减少，这主要是由于磷在土壤中移动性很低。

表 4-1　观测区土壤养分

取样日期（年/月/日）	土层（cm）	植被类型	有机质（g/kg）	碱解 N（mg/kg）	速效 P（mg/kg）	速效 K（mg/kg）
2012/07/15	0~10	侧柏类	10.10 b	58.42 b	4.38 b	88.72 a
2012/07/15		红砂类	8.59 c	57.05 b	5.23 ab	77.45 b
2012/07/15		枸杞类	15.10 a	71.30 a	5.98 a	88.28 a
2012/07/15		柠条类	18.10 a	76.30 a	6.12 a	96.90 a
2012/07/15		柽柳类	14.71 a	70.84 a	6.41 a	97.10 a
2012/07/15	10~20	侧柏类	8.43 a	36.09 b	3.65 b	71.26 a
2012/07/15		红砂类	6.46 b	36.12 b	4.99 a	60.21 b
2012/07/15		枸杞类	8.54 a	50.26 a	4.88 ab	75.79 a
2012/07/15		柠条类	10.19 a	69.65 a	5.33 a	74.37 a
2012/07/15		柽柳类	10.67 a	55.93 a	5.11 a	72.95 a
2012/07/15	20~30	侧柏类	6.50 a	32.55bc	3.00 b	56.78 b
2012/07/15		红砂类	4.21 b	26.25 c	3.89 b	56.40 b
2012/07/15		枸杞类	6.50 a	27.23 c	3.71 ab	60.13 a
2012/07/15		柠条类	7.46 a	45.19 a	4.90 a	60.13 a
2012/07/15		柽柳类	6.08 a	51.03 a	4.10 a	60.42 a
2016/06/21	0~10	侧柏类	9.26 b	53.59 b	4.27 b	82.17 a
2016/06/21		红砂类	8.34 c	39.76 b	5.22 ab	80.35 a
2016/06/21		枸杞类	15.09 a	64.68 a	5.77 a	84.83 a
2016/06/21		柠条类	17.99 a	64.05 a	6.09 a	85.48 a
2016/06/21		柽柳类	13.90 a	63.63 a	6.01 a	81.23 a
2016/06/21	10~20	侧柏类	8.50 a	43.65 b	3.19 b	71.11 a
2016/06/21		红砂类	6.19 b	23.73 c	4.15 ab	55.13 b
2016/06/21		枸杞类	7.59 a	46.94 b	4.29 a	70.19 a
2016/06/21		柠条类	10.16 a	57.38 a	4.93 a	72.58 a
2016/06/21		柽柳类	10.51 a	58.73 a	4.93 a	72.12 a
2016/06/21	20~30	侧柏类	6.18 b	32.66 a	2.94 b	59.89 a
2016/06/21		红砂类	3.63 c	25.55 a	3.75 a	58.00 a
2016/06/21		枸杞类	6.35 b	26.22 a	3.69 ab	56.09 a
2016/06/21		柠条类	6.39 b	36.86 a	3.95 a	55.25 a
2016/06/21		柽柳类	9.48 a	36.79 a	4.00 a	61.74 a

土壤养分在不同林地的分布特征，在柠条、柽柳、枸杞、红砂和侧柏5种主要建群植被中，柠条，柽柳和枸杞林地中土壤有机质和碱解氮含量明显高于侧柏和红砂林地，其中柠条林地有机质含量在0～30cm土层的平均值在南山与北山分别达到了11.92mg/kg和11.5mg/kg，碱解氮含量为63.71mg/kg和50.76mg/kg。在全氮方面，柠条和柽柳林地的含量明显高于其他林地，3个土层的全氮含量均大于1.0g/kg，而在磷、钾方面，5种林地的差别不明显。各调查植被林地在0～30cm土层土壤有机质含量平均值呈现的规律是，南北两山均为：柠条类>柽柳类>枸杞类>侧柏类>红砂类。由于在黄土高原99%的养分流失来自于泥沙，而以柠条为代表的灌木林生长茂密，水土保持效果好，表层土壤有腐殖质层且结构良好，大大减少了侵蚀泥沙氮素养分的流失，所以土壤中的氮含量因植被类型不同而有明显差异。磷和钾含量在不同林地差别不明显，这主要是受南北两山灰钙土本身理化性质的影响。

第二节　生物监测数据

兰州的植被植物科、属多，而种类少。其中以禾本科植物为最多，菊科次之，依次为豆科、蔷薇科、藜科、毛茛科、唇形科、蓼科、十字花科、伞形科、杨柳科、石竹科、百合科、沙草科、茄科。由于艾属植物有抗旱性，叶片小而狭小，通常生于半干旱气候下含盐的土壤中，其根系对于土壤盐类透过度甚小，吸收水分的渗透压力大，其含有效物质系糖类及有机酸等有机物质。还有委陵菜属的各种植物，适应干旱与潮湿的能力各有不同，或为干旱草原的组成部分，或为含盐湿地草原的主要种类，这类植物也有很多。杨属之中，有多种能耐寒，黎属为繁茂生长于碱土上的植物，羽毛属中多为硬叶的种类，干燥时叶片即旋卷，而且气孔深陷、细胞液浓厚，这些植物也都能抵抗干旱，多为干旱草原所常见。紫云英属也是著名的耐旱植物，而且还耐盐碱，其根系发达，地上部分细小，叶狭窄而且茸毛多。锦鸡儿属植物是小叶耐旱的灌木。所有上述各类植物，在兰州黄土高原地区分布甚广。

由于其环境条件所决定，生长的植物种类是由这样一些植物所组成：细叶莎草、亚氏旋花、独行菜、二裂委陵菜、三齿草藤、米口袋、粗糙紫云英、骆驼蓬、紫堇、夏至草、铺地车前、西藏车前、阿尔泰紫苑、黄鼠草以及若干种禾本科植物的幼苗，以羽茅为最多，数种铁线莲、黄堇、黄花、蒲公英、各种锦鸡儿、乳花点地梅、鸡肠草等。但因春季植株矮小，数量也不多，不能覆盖地面。到了夏季，大多数植物生长繁茂，种类也最多，但终因雨量不足，个体仍很矮小，地面植被度为10%～45%。随着雨量渐增，植被度升高后，山野就有可能绿色映照。秋季正值雨季，植物生长迅速而繁茂，其中以密生灰白色毛绒的植物占优势，如小藜、各种旱生性的紫云英和各种艾属植物、阿尔泰紫苑等，此时的地面植被度可增至60%～80%。凡生长在向阳开阔干旱地方的植物，大多根深体矮，叶小而狭窄，或为革质，或被茸毛。其植物的茎干，除乔木与灌木外，大多低矮，常匍匐在地面或散铺地上。此外还有西伯利亚蓼等半多浆植物也不少。植物的叶片，较多浆植物叶形变小，除栽培树木不计外，叶退化为鳞叶者有麻黄、红蝨等，叶形极小者有地锦、拟漆姑等。呈针状或线状甚小者有虫实、山叉明科、钾叉明科、各种锦鸡儿、刺旋花、猪殃殃等种。叶片狭细而短的有百蕊草、远志、亚式旋花等种。叶虽大而分裂极细呈腺状或披针形的裂片者有深山黄堇、本氏紫堇、太阳花、刚蒿、百花蒿、茵陈蒿、篦叶蒿等种（表4-2）。

表4-2 兰州黄土高原地区草本植物名录

序号	科	属	种
1	禾本科（Gramineae）	早熟禾属（*Poa*）	草地早熟禾（Poa pratensis）
2		翦股颖属（*Agrosti*）	小糠草（Agrostis alba）
3		披碱草属（*Elymus*）	披碱草（Elymus dahuricus）
4		臭草属（*Melica*）	臭草（Melica scabrosa）
5		芨芨草属（*Achnatherum*）	芨芨草（Achnatherum splendens）
6		雀麦属（*Bromus*）	雀麦（Bromus japonicus Thunb）、无芒雀麦（Bromus inermis）
7		冰草属（*Agropyron*）	冰草（Agropyron cristatum）、鹅冠草（Agropyron ciliare）
8		赖草属（*Leymus*）	赖草（Leymus secalinus）
9		狗尾草属（*Setaria*）	狗尾草（Setaria viridis）
10		虎尾草属（*Chloris*）	虎尾草（Chloris virgata）
11		针茅属（*Stipa*）	长芒草（Stipa bungeana）、短花针茅（Stipa breviflora）
12		孔颖草属（*Bothriochloa*）	白羊草（Bothriochloa ischaemum）
13		落草属（*Koeleria*）	落草（Koeleria cristata）
14		燕麦属（*Avena*）	乌麦（Avena fatua）、油麦（Avena nuda）
15		冠芒草属（*Pappophorum*）	冠芒草（Pappophorum brachystachyum）
16		隐子草属（*Cleistogenes*）	无芒隐子草（Cleistogenes songorica）
17		碱茅属（*Puccinellia*）	碱茅（Puccinellia distans）
18		棒头草属（*Polypogon*）	长芒棒头草（Polypogon monspeliensis）
19		隐花草属（*Crypsis*）	隐花草（Crypsis aculeate）
20		稗属（*Echinochloa*）	无芒稗（Echinochloa crusgallii var. mitis）、稗（Echinochloa crusgallii（L.）Beauv.）
21		荩草属（*Arthraxon*）	荩草（Arthraxon hispidus）
22		茅香属（*Hierochloe*）	香草（Hierochloe odorata）
23		三芒草属（*Aristida*）	三芒草（Aristida adscensionis）
24		菵草属（*Beckmannia*）	菵草（Beckmannia erucaeformis）

（续表）

序号	科	属	种
25		狼尾草属（*Pennisetum*）	白草（Pennisetum centrasiaticum）
26		锋芒草属（*Tragus*）	锋芒草（Tragus racemosus）
27		画眉草属（*Eragrostis*）	大画眉草（Eragrostis cilianensis）、无毛画眉草（Eragrostis var. imberbis）
28		拂子茅属（*Calamagrostis*）	拂子茅（Calamagrostis epigeios）
29		马唐属（*Digitaria*）	止血马唐（Digitaria ischaemum）
30		华桔竹属（*Fargesia*）	华桔竹（Far gesia spathacea）
31		芦苇属（*Phragmites*）	芦苇（Phragmites australis）
32		槐属（*Sophora*）	苦豆子（Sophora alopecuroides）
33	豆科（*Fabaceae*）	三叶草属（Trifolium）	红三叶（Trifolium pretense）、白三叶（Trifolium repens）、杂三叶（Trifolium hybridum）
34		岩黄芪属（*Hedysarum*）	红花岩黄芪（Hedysarum multijugum）
35		野豌豆属（*Vicia*）	苕（Vicia cracca）
36		草木樨属（*Melilotus*）	草木樨（Melilotus suaveolens）
37		苜蓿属（*Medicago*）	紫花苜蓿（Medicago sativa）、天蓝苜蓿（Medicago lupulina）
38		锦鸡儿属（*Caragana*）	柠条锦鸡儿（Caragana korshinskii）
39		米口袋属（*Gueldenstaedtia*）	多花米口袋（Gueldenstaedtia multiflora）、少花米口袋（Gueldenstaedtia pauciflora）
40		棘豆属（*Oxytropis*）	小花棘豆（Oxytropis glabra）、黄花棘豆（Oxytropis ochrocephala）、二色棘豆 Oxytropis bicolor）、蓝花棘豆（Oxytropis coerulea）
41		黄蓍属（*Astragalus*）	毛细柄黄蓍（Astragalus capillipes）、草木犀状黄蓍（Astragalus melilotoides）、粗毛黄蓍（Astragalus、scaberrimus）、长管萼黄蓍（Astragalus limprichtii）、扁茎黄蓍（Astragalus complanatus）
42		苦马豆属（*Swainsonia*）	苦马豆（Swainsonia salsula）
43		鹰嘴豆属（*Cicer*）	鹰嘴豆（Cicer arietinum）
44		甘草属（*Glycyrrhiza*）	甘草（Glycyrrhiza uralensis）
45	莎草科（*Cyperaceae*）	苔草属（Carex）	细叶苔（Carex stenophylla）、异穗苔（Carex heterostachya）
46	菖蒲科（Acoraceae）	菖蒲属（*Acorus*）	菖蒲（Acorus calamus）

（续表）

序号	科	属	种
47	灯心草科（Juncaceae）	灯心草属（*Juncus*）	灯心草（Juncus effusus）
48	百合科（Liliaceae）	葱属（*Allium*）	野韭菜（Allium subangulatum）
49		百合属（*Lilium*）	百合（Lilium davidil）
50		萱草属（Hemerocallis）	金针菜（Hemerocallis citrina）、小萱草（Hemerocallis dumortieri）
51	鸢尾科（Iridaceae）	鸢尾属（*Iris*）	细叶鸢尾（Iris tenuifolia）、马蔺（Iris pallasill）
52	蓼科（Polygonaceae）	酸模属（*Rumex*）	巴天酸模（Rumex patientia）
53		蓼属（*Polygonum*）	萹蓄（Polygonum aviculare）、西伯利亚蓼（Polygonum sibiricum）、酸模叶蓼（Polygonum lapathifolium）
54	藜科（Chenopodiaceae）	藜属（*Chenopodium*）	灰绿藜（Chenopodium glaucum）、小藜（Chenopodium serotinum）
55		碱蓬属（*Suaeda*）	碱蓬（Suaeda glauca）
56		猪毛菜属（*Salsola*）	猪毛菜（Salsola collina）
57		地肤属（*Kochia Roth*）	地肤（Kochia scoparia）
58		滨藜属（*Atriplex*）	滨藜（Atriplex patens）
59		沙蓬属（*Agriophyllum*）	沙蓬（Agriophyllum squarrosum）
60	锦葵科（Malvaceae）	锦葵属（*Malva*）	蜀葵（Althaea rosea）
61	萝藦科（Asclepiadaceae）	鹅绒藤属（*Cynanchum*）	鹅绒藤（Cynanchum chinense）
62		拉拉藤属（*Galium*）	猪殃殃（Galium aparine）
63	旋花科（Convolvulaceae）	打碗花属（*Calystegia*）	打碗花（Calystegia hederacea）
64	茄科（Solanaceae）	曼陀罗属（*Datura*）	曼陀罗（Datura stramonium）
65	石竹科（Caryophyllaceae）	石竹属（*Dianthus*）	石竹（Dianthus chinensis）
66	毛茛科（Ranunculaceae）	铁线莲属（*Clematis*）	芹叶铁线莲（Clematis aethusifolia）、甘青铁线莲（Clematis tangutica）
67		银莲花属（*Anemone*）	野棉花（Anemone vitifolia）
68	十字花科（Brassicaceae）	荠属（Capsella）	荠菜（Capsella bursa-pastoris）
69		独行菜属（*Lepidium*）	独行（Lepidium apetalum）、阔叶独行菜（Lepidium latifolium）

（续表）

序号	科	属	种
70	牻牛儿苗科（Geraniaceae）	老鹳草属（*Geranium*）	鼠掌老鹳草（Geranium sibiricum）
71	蒺藜科（Zygophyllaceae）	蒺藜属（*Tribulus*）	蒺藜（Tribulus terrestris）
72	堇菜科（Violaceae）	堇菜属（*Viola*）	紫花地丁（Viola yedoensis）、三色堇（Viola tricolor）
73	伞形科（Apiaceae）	柴胡属（*Bupleurum*）	柴胡（Bupleurum chinense）
74		益母草属（*Leonurus*）	益母草（Leonurus japonicus）
75	唇形科（Lamiaceae）	夏至草属（*Lagopsis*）	夏至草（Lagopsis supine）
76	车前科（Plantaginaceae）	车前属（*Plantago*）	大车前 Plantago major）、平车前（Plantago depressa）
77	大戟科（Euphorbiaceae）	大戟属（*Euphorbia*）	地锦草（Euphorbia humifusa）、泽漆（Euphorbia helioscopia）、甘遂 Euphorbia kansui）、乳浆大戟（Euphorbia esula）、银边翠 Euphorbia marginata）、续随子（Euphorbia lathyris）、猩猩草（Euphorbia heterophylla）
78	菊科 Asteraceae）	蒿属（*Artemisia*）	冷蒿（Artemisia frigida）、莳萝蒿（Artemisia anethoides）、十月蒿（Artemisia centiflora）、茵陈蒿 Artemisia capillaries）、黄花蒿（Artemisia annua）
79		蒲公英属（*Taraxacum*）	蒲公英（Taraxacum mongolicum）
80		苍耳属（*Xanthium*）	苍耳（Xanthium sibiricum）
81		蓟属（*Cirsium*）	大刺儿菜（Cirsium setosum）
82		苦苣菜属（*Sonchus*）	苦苣菜（Sonchus oleraceus）
83		莴苣属（*Lactuca*）	蒙山莴苣（Lactuca tatarica）
84	苋科（Amaranthaceae）	苋属（Amaranthus）	反枝苋（Amaranthus retroflexus）、野苋（Amaranthus lividus）
85	马齿苋科（Portulacaceae）	马齿苋属（*Portulaca*）	马齿苋（Portulaca oleracea）
86	蔷薇亚科（RosoideaeFocke）	委陵菜属（*Potentilla*）	匍匐委陵菜（Potentilla reptans）、多茎委陵菜（Potentilla multicaulis）

经整理兰州黄土高原地区草本植物 125 种，隶属于 86 属 27 科，其中，禾本科植物位居第一位，豆科草本植物位居第二位在 86 个属中，大戟属（*Euphorbia*）以具有 7 种的种类数量位居各属之首；属内种类数量具有 4~5 种的属有蒿属（*Artemisia*）5 种黄蓍属（*Astragalus*）5 种棘豆属（*Oxytropis*）4 种少型属（属内有 2~3 种）18 属；单型属

（单种属）64 属（表 4-2）生态型中以中生植物为主，其中旱生 20 种中生 98 种湿生 7 种，分别占总种数的 16%、78.4%、5.6%。中国特有属有华桔竹属（*Fargesia*），无甘肃特有属和特有种。

按照生境可分为两类：第一类生境中为侧柏—束伞亚菊群落，其优势种为侧柏、枸杞、山杏、红砂、柠条、束伞亚菊、猪毛蒿（Artemisia scoparia）、赖草、合头草（Sympegma regelii）、小叶铁线莲（Clematis nannophylla）、黄花矶松（Limonium aureum）、骆驼蓬等；第二类生境主要以丁香（Syringa oblata）、柠条、锦鸡儿、榛子（Corylus heterophylla）、白莲蒿（Artemisia sacrorum）、长芒草、骆驼蓬、束伞亚菊、羊茅草（Festuca ovina）、白羊草（Bothriochloa ischaemum）、冰草（Agropyron cristatum）、醉马草（Achnatherum inebrians）、细裂亚菊（Ajania przewalskii）赖草等。在观测区主要以草本为主，东坡、东北坡生境的植物种数显著多于西坡、北坡的，第二类植物群落的重要值之间差异不大，在草本层，菊科类植物在两类生境中重要值排名前五的植物种中比重较大（表 4-3）。

表 4-3　观测区群落种类组成

生境类型	群落类型	层	品种名称	相对密度	相对高度	相对盖度	重要值
1	侧柏—束伞亚菊群落	乔灌层	侧柏	0.398	0.971	0.205	0.525
			枸杞	0.419	0.708	0.085	0.404
			山杏	0.286	0.700	0.104	0.363
			柠条	0.296	0.516	0.079	0.297
			红砂	0.132	0.443	0.097	0.224
		草本层	束伞亚菊	0.785	0.524	0.812	0.707
			猪毛蒿	0.360	0.885	0.500	0.581
			赖草	0.219	0.983	0.378	0.527
			黄花矶松	0.013	0.750	0.500	0.421
			骆驼蓬	0.095	0.570	0.238	0.301
2	柠条—冰草群落	乔灌层	红柳	0.263	0.500	0.302	0.355
			丁香	0.040	0.869	0.143	0.351
			柠条	0.354	0.543	0.039	0.312
			锦鸡儿	0.271	0.420	0.076	0.256
			榛子	0.253	0.225	0.042	0.173
		草本层	冰草	0.825	0.894	0.800	0.840
			冷蒿	0.731	0.835	0.852	0.806
			醉马草	0.700	0.726	0.683	0.703
			细裂亚菊	0.726	0.626	0.730	0.694
			白莲蒿	0.529	0.839	0.698	0.689

第三节 土壤环境监测数据

土壤是由固体、液体和气体组成的三相系统，其中固相颗粒是组成土壤的物质基础，占土壤总重量的85%以上。根据土粒直径的大小可把土粒分为粗砂（2.0~0.2mm）、细砂（0.2~0.02mm）、粉砂（0.02~0.002 mm）和黏粒（0.002 mm以下）。这些不同大小固体颗粒的组合百分比就称为土壤质地。根据土壤质地可把土壤区分为砂土、壤土和黏土三大类。在砂土类土壤中以粗砂和细砂为主、粉砂和黏粒所占比重不到10%，因此土壤黏性小、孔隙多，通气透水性强，蓄水和保肥能力差。在黏土类土壤中以粉砂和黏粒为主，占60%以上，甚至可超过85%；黏土类土壤质地黏重，结构紧密，保水保肥能力强，但孔隙小，通气透水性能差，湿时黏干时硬。壤土类土壤的质地比较均匀，其中砂黏、粉砂和黏粒所占比重大体相等，土壤既不太松也不太黏，通气透水性能良好且有一定的保水保肥能力，是比较理想的农作土壤。土壤结构则是指固相颗粒的排列方式、孔隙的数量和大小以及团聚体的大小和数量等。土壤结构可分为微团粒结构（直径小于0.25 mm）、团粒结构（直径为0.25~10mm）和比团粒结构更大的各种结构。团粒结构是土壤中的腐殖质把矿质土粒黏结成直径为0.25~10mm的小团块，具有泡水不散的水稳性特点。具有团粒结构的土壤是结构良好的土壤，因为它能协调土壤中水分、空气和营养物之间的关系，改善土壤的理化性质。团粒结构是土壤肥力的基础，无结构或结构不良的土壤，土体坚实、通气透水性差，植物根系发育不良，土壤微生物和土壤动物的活动亦受到限制。土壤的质地和结构与土壤中的水分、空气和温度状况有密切关系，并直接或间接地影响着植物和土壤动物的生活。

一、土壤盐分

土壤中的可溶性盐分是用一定的水土比例和在一定时间内浸提出来的土壤中所含有的水溶性盐分。分析土壤中可溶性盐分的阴、阳离子组成和由此确定的盐分类型和含量，可以判断土壤的盐渍状况和盐分动态，因为土壤所含的可溶性盐分达到一定数量之后，就能够影响作物的发芽和正常生长。盐分过多对植物生长的影响是不利的，它会影响作物的新陈代谢，同时植物呼吸作用降低，就在大棚蔬菜栽培中，土壤盐渍化问题越来越突出。一旦土壤的盐渍化问题加重，就会超过适宜的作物生长的含量范围，作物生理问题的发生就会越来越频繁，可以使用土壤盐分计来测量土壤中氮、磷和钾的含量。

二、土壤水分

土壤中的水分可直接被植物的根系吸收。土壤水分的适量增加有利于各种营养物质的溶解和移动，有利于磷酸盐的水解和有机态磷的矿化，这些都能改善植物的营养状况。此外，土壤水分还能调节土壤中的温度，但水分太多或太少都对植物和土壤动物不利。土壤干旱不仅影响植物的生长，也威胁着土壤动物的生存。土壤中的节肢动物一般都适应于生活在水分饱和的土壤孔隙内，例如金针虫在土壤空气湿度下降到92%时就不能存活，所以它们常常进行周期性的垂直迁移，以寻找适宜的湿度环境。土壤水分过多会使土壤中的空气流通不畅并使营养物随水流失，降低土壤的肥力。土壤孔隙内充满了水对土壤动物更为不利，常使动物因缺氧而死亡。降水太多和土壤淹水会引起土壤动物大量死亡。此外，土壤中的水分对土壤昆虫的发育和生殖力有着直接影响，例如东亚飞蝗在土壤含水量为8%~22%时产卵量最大，而卵的最适孵化湿度是土壤含水3%~16%，含水量超过30%，大部分蝗卵就不能正常发育（表4-4）。

表4-4　土壤盐分、水分数据

时间（年/月/日）	土壤盐分	土壤水分				
		0~10cm	10~20cm	20~30cm	30~40cm	40~50cm
2016/06/01	1.3	14.3	10.8	6.3	5.6	5.5
2016/06/02	1.3	14.6	10.7	6.3	5.6	5.5
2016/06/03	1.3	14.2	10.7	6.5	5.8	5.7
2016/06/04	1.4	13.8	10.8	6.6	6.0	5.9
2016/06/05	1.4	13.5	10.7	6.7	6.1	5.9
2016/06/06	1.4	13.0	10.7	6.9	6.3	6.2
2016/06/07	1.4	12.7	10.6	6.9	6.4	6.2
2016/06/08	1.4	12.5	10.6	7.1	6.8	6.4
2016/06/09	1.5	12.4	10.5	7.0	7.0	6.5
2016/05/10	1.5	12.3	10.4	6.8	7.0	6.4
2016/06/11	1.5	12.2	10.3	6.8	7.2	6.6
2016/06/12	1.5	11.9	10.2	6.7	7.2	6.5
2016/06/13	1.5	11.8	10.1	6.6	7.3	6.6
2016/06/14	1.6	11.4	10.1	6.6	7.5	6.8
2016/06/15	1.6	11.1	9.9	6.4	7.5	6.7
2016/06/16	1.6	10.8	9.8	6.4	7.5	6.8
2016/06/17	1.6	10.5	9.8	6.3	7.7	6.9
2016/06/18	1.6	10.1	9.6	6.3	7.8	6.9
2016/06/19	1.7	9.9	9.6	6.2	7.9	7.0
2016/06/20	1.7	9.1	9.4	6.4	8.0	7.0
2016/06/21	1.7	9.5	9.1	6.0	7.8	6.8
2016/06/22	1.8	9.8	8.9	5.9	7.8	6.8
2016/06/23	1.7	12.6	8.7	5.6	7.7	6.7
2016/06/24	1.8	13.2	8.5	5.4	7.5	6.6
2016/06/25	1.8	12.7	8.3	5.3	7.4	6.6
2016/06/26	1.8	11.9	8.3	5.3	7.6	6.7
2016/06/27	1.8	11.6	8.1	5.2	7.5	6.7

（续表）

时间（年/月/日）	土壤盐分	土壤水分				
		0~10cm	10~20cm	20~30cm	30~40cm	40~50cm
2016/06/28	1.8	11.3	8.0	5.1	7.5	6.7
2016/06/29	1.8	10.9	8.0	5.1	7.5	6.8
2016/06/30	1.8	10.7	7.9	5.1	7.5	6.8
2016/07/01	1.9	10.2	7.9	7.4	6.8	4.9
2016/07/02	1.9	9.9	7.8	7.3	6.8	4.8
2016/07/03	1.9	9.5	7.8	7.3	6.9	4.8
2016/07/04	1.9	8.9	7.8	7.3	7.0	4.8
2016/07/05	2.0	8.4	7.8	7.2	7.0	4.7
2016/07/06	2.0	8.2	7.7	7.1	6.9	4.6
2016/07/07	2.0	8.1	7.6	7.0	6.9	4.6
2016/07/08	2.0	7.9	7.6	7.0	6.9	4.7
2016/07/09	2.1	7.9	7.4	7.1	6.8	4.7
2016/07/10	2.1	7.9	7.2	6.9	6.6	4.5
2016/07/11	2.1	11.2	6.8	6.7	6.3	4.3
2016/07/12	2.2	14.5	6.7	6.6	6.2	4.2
2016/07/13	2.2	14.4	6.7	6.7	6.2	4.3
2016/07/14	2.2	15.3	6.5	6.5	6.0	4.1
2016/07/15	2.2	14.3	6.6	6.5	6.1	4.2
2016/07/16	2.2	13.4	6.8	6.7	6.2	4.5
2016/07/17	2.2	12.4	6.8	6.8	6.3	4.5
2016/07/18	2.2	16.2	6.8	6.7	6.2	4.4
2016/07/19	2.2	15.8	7.4	6.6	6.1	4.5
2016/07/20	2.2	15.1	9.2	6.7	6.3	5.1
2016/07/21	2.2	14.7	10.2	6.7	6.5	5.9
2016/07/22	2.2	14.4	10.5	6.7	6.6	6.4
2016/07/23	2.2	13.9	10.7	6.8	6.8	6.8
2016/07/24	5.0	15.9	14.8	6.9	6.8	12.9
2016/07/25	4.0	15.2	14.6	6.8	6.8	12.7
2016/07/26	4.0	15.1	14.3	6.8	6.8	12.3
2016/07/27	4.0	14.6	14.1	6.9	6.9	12.0
2016/07/28	4.2	14.2	13.9	7.0	6.9	11.7
2016/07/29	4.3	13.6	13.6	7.2	7.0	11.3
2016/07/30	4.4	12.9	13.3	7.4	6.9	10.9
2016/07/31	4.5	12.2	12.9	7.5	6.8	10.3

（续表）

时间（年/月/日）	土壤盐分	土壤水分				
		0～10cm	10～20cm	20～30cm	30～40cm	40～50cm
2016/08/01	4.5	11.6	12.1	7.6	6.6	9.7
2016/08/02	4.6	11.2	11.2	7.5	6.4	8.9
2016/08/03	4.7	10.8	10.2	7.4	6.3	7.9
2016/08/04	4.7	10.4	9.2	7.3	6.1	6.9
2016/08/05	4.8	10.0	8.6	7.1	6.0	6.1
2016/08/06	4.8	9.5	8.3	7.0	5.9	5.6
2016/08/07	4.9	9.2	8.1	6.9	5.7	5.4
2016/08/08	4.9	8.8	7.9	6.8	5.7	5.9
2016/08/09	4.9	8.5	7.8	6.8	5.6	6.0
2016/08/10	5.0	8.2	7.7	6.7	5.5	5.9
2016/08/11	4.9	8.2	7.6	6.6	5.4	5.8
2016/08/12	4.9	8.2	7.5	6.6	5.4	5.7
2016/08/13	4.9	8.1	7.4	6.5	5.3	5.6
2016/08/14	4.8	8.0	7.4	6.5	5.3	5.6
2016/08/15	4.8	9.0	7.2	6.4	5.2	5.5
2016/08/16	4.7	12.2	7.1	6.3	5.1	5.4
2016/08/17	4.5	12.0	7.2	6.3	5.2	5.6
2016/08/18	4.4	11.4	7.3	6.4	5.3	5.7
2016/08/19	4.3	11.0	7.2	6.3	5.2	5.5
2016/08/20	4.0	10.8	7.3	6.4	5.2	5.5
2016/08/21	3.9	10.4	7.3	6.4	5.3	5.5
2016/08/22	3.8	10.0	7.3	6.4	5.3	5.6
2016/08/23	3.9	14.1	7.2	6.3	5.2	5.5
2016/08/24	4.0	15.8	7.1	6.1	5.0	5.3
2016/08/25	4.1	16.9	6.9	6.0	4.8	5.1
2016/08/26	4.1	15.8	6.9	5.9	4.7	5.1
2016/08/27	4.1	15.2	7.4	5.9	4.8	5.5
2016/08/28	4.0	14.7	7.9	6.0	4.9	6.1
2016/08/29	4.0	14.4	8.4	6.0	5.0	6.5
2016/08/30	4.0	14.4	8.6	5.9	4.9	6.6
2016/08/31	4.0	14.0	8.7	6.0	4.9	6.7
2016/09/01	4.0	13.7	8.7	5.9	4.9	6.6
2016/09/02	4.0	13.1	8.6	6.0	5.0	6.6
2016/09/03	3.9	12.8	8.4	5.9	5.0	6.4

（续表）

时间（年/月/日）	土壤盐分	土壤水分				
		0~10cm	10~20cm	20~30cm	30~40cm	40~50cm
2016/09/04	3.9	12.4	8.1	6.0	5.0	6.3
2016/09/05	3.9	11.9	7.9	6.1	5.1	6.2
2016/09/06	3.9	13.1	7.7	6.0	5.0	6.0
2016/09/07	3.9	13.1	7.6	6.0	5.0	5.9
2016/09/08	3.8	12.4	7.5	6.0	5.0	5.8
2016/09/09	3.8	11.9	7.5	6.1	5.1	5.8
2016/09/10	3.8	11.7	7.3	6.0	5.0	5.6
2016/09/11	3.8	11.4	7.2	6.0	5.0	5.5
2016/09/12	3.7	11.5	7.1	6.1	5.1	5.5
2016/09/13	3.7	12.1	7.1	6.0	5.0	5.4
2016/09/14	3.7	11.8	7.1	6.0	5.0	5.4
2016/09/15	3.7	11.5	7.1	6.0	4.9	5.4
2016/09/16	3.6	11.2	7.1	6.0	5.0	5.4
2016/09/17	3.6	11.0	7.0	6.1	5.0	5.3
2016/09/18	3.6	13.7	6.9	6.0	5.0	5.3
2016/09/19	3.6	14.4	6.9	5.9	4.9	5.2
2016/09/20	3.6	13.6	6.9	5.9	4.9	5.2
2016/09/21	3.6	12.6	6.9	5.9	4.9	5.2
2016/09/22	3.5	11.6	6.9	5.9	4.9	5.2
2016/09/23	3.5	11.1	6.8	5.9	4.8	5.1
2016/09/24	3.5	10.9	6.8	5.9	4.8	5.1
2016/09/25	3.5	10.8	6.7	5.9	4.8	5.0
2016/09/26	3.4	10.6	6.7	5.9	4.9	5.0
2016/09/27	3.3	10.5	6.7	5.9	4.8	5.0
2016/09/28	3.3	12.4	6.6	5.8	4.8	4.9
2016/09/29	3.3	12.2	6.7	5.8	4.8	5.0
2016/09/30	3.3	11.6	6.6	5.8	4.7	4.9
2016/10/01	3.3	11.3	6.7	5.8	4.8	5.0
2016/10/02	3.2	10.9	6.7	5.9	4.8	5.1
2016/10/03	3.2	10.7	6.7	5.9	4.8	5.0
2016/10/04	3.2	10.3	6.7	5.9	4.8	5.0
2016/10/05	3.2	10.6	6.6	5.8	4.7	4.9
2016/10/06	3.1	10.6	6.6	5.7	4.9	4.9
2016/10/07	3.2	10.5	6.6	5.7	5.0	4.9

（续表）

时间（年/月/日）	土壤盐分	土壤水分				
		0~10cm	10~20cm	20~30cm	30~40cm	40~50cm
2016/10/08	3.1	10.4	6.5	5.6	5.0	4.9
2016/10/09	3.1	12.4	6.6	5.7	5.0	4.9
2016/10/10	3.1	14.0	6.5	5.6	5.0	4.9
2016/10/11	3.0	13.7	6.5	5.6	5.0	5.0
2016/10/12	3.0	13.4	6.6	5.6	5.0	5.0
2016/10/13	3.0	12.8	6.6	5.6	5.0	5.0
2016/10/14	3.0	12.1	6.6	5.7	5.1	5.1
2016/10/15	3.0	11.7	6.6	5.6	5.1	5.1
2016/10/16	2.9	11.2	6.7	5.7	5.1	5.1
2016/10/17	2.9	11.0	6.6	5.6	5.0	5.0
2016/10/18	2.9	10.8	6.5	5.6	5.1	5.0
2016/10/19	2.9	10.6	6.6	5.6	5.1	5.0
2016/10/20	2.9	10.5	6.6	5.6	5.1	5.0
2016/10/21	2.9	10.5	6.7	5.8	5.2	5.1
2016/10/22	2.9	14.1	6.7	5.8	5.2	5.1
2016/10/23	2.9	14.9	6.5	5.6	5.0	4.9
2016/10/24	2.9	15.8	6.6	5.6	5.0	5.0
2016/10/25	2.9	15.5	6.6	5.6	5.0	5.1
2016/10/26	2.8	15.1	6.7	5.6	5.1	5.1
2016/10/27	2.8	15.4	6.7	5.6	5.1	5.1
2016/10/28	2.8	15.8	6.5	5.5	5.0	5.0
2016/10/29	2.8	15.6	6.5	5.4	4.9	5.0
2016/10/30	2.8	15.2	6.5	5.5	5.0	5.0
2016/12/31	2.8	14.9	6.6	5.4	4.9	5.0
2016/11/01	2.7	14.7	6.6	5.4	5.0	5.0
2016/11/02	2.7	14.5	6.8	5.5	5.0	5.0
2016/11/03	2.7	14.2	6.9	5.5	5.0	5.1
2016/11/04	2.7	14.1	7.0	5.5	5.0	5.1
2016/11/05	2.6	13.9	7.2	5.5	5.0	5.1
2016/11/06	2.6	13.6	7.3	5.5	5.0	5.2
2016/11/07	2.6	13.5	7.4	5.5	5.0	5.3
2016/11/08	2.6	13.3	7.4	5.5	5.0	5.2
2016/11/09	2.6	13.2	7.5	5.4	4.9	5.2
2016/11/10	2.6	13.1	7.5	5.4	5.0	5.2

（续表）

时间（年/月/日）	土壤盐分	土壤水分				
		0~10cm	10~20cm	20~30cm	30~40cm	40~50cm
2016/11/11	2.5	12.9	7.5	5.4	4.9	5.3
2016/11/12	2.5	12.8	7.5	5.4	4.9	5.3
2016/11/13	2.5	12.7	7.6	5.4	4.9	5.3
2016/11/14	2.5	12.6	7.6	5.4	5.0	5.3
2016/11/15	2.5	12.5	7.7	5.4	5.0	5.4
2016/11/16	2.5	12.3	7.7	5.4	5.0	5.4
2016/11/17	2.5	12.3	7.7	5.4	5.0	5.4
2016/11/18	2.4	12.2	7.7	5.4	5.0	5.4
2016/11/19	2.4	12.2	7.8	5.5	5.1	5.5
2016/11/20	2.4	12.0	7.8	5.5	5.1	5.5
2016/11/21	2.4	11.9	7.7	5.5	5.0	5.5
2016/11/22	2.4	11.4	7.6	5.4	5.0	5.4
2016/11/23	2.4	10.9	7.6	5.3	4.9	5.3
2016/11/24	2.4	11.1	7.5	5.3	4.9	5.3
2016/11/25	2.4	11.1	7.5	5.3	4.9	5.3
2016/11/26	2.3	10.6	7.5	5.3	4.9	5.3
2016/11/27	2.3	10.6	7.5	5.3	4.9	5.2
2016/11/28	2.3	10.9	7.4	5.3	4.9	5.2
2016/11/29	2.3	11.3	7.4	5.3	4.9	5.3
2016/11/30	2.3	10.7	7.4	5.3	4.9	5.3
2016/12/01	2.3	10.3	7.4	5.3	4.9	5.2
2016/12/02	2.2	9.8	7.2	5.3	4.9	5.2
2016/12/03	2.2	10.1	7.0	5.3	4.9	5.2
2016/12/04	2.2	10.3	6.9	5.3	4.9	5.2
2016/12/05	2.2	10.7	7.0	5.3	4.9	5.2
2016/12/06	2.2	10.4	7.0	5.4	4.9	5.1
2016/12/07	2.2	10.5	6.9	5.4	4.9	5.1
2016/12/08	2.2	10.5	6.9	5.4	5.0	5.1
2016/12/09	2.2	10.5	6.9	5.4	5.0	5.1
2016/12/10	2.2	10.3	6.9	5.4	5.0	5.1
2016/12/11	2.2	10.2	6.8	5.4	5.0	5.1
2016/12/12	2.2	10.5	6.9	5.4	5.0	5.1
2016/12/13	2.2	10.0	6.8	5.4	5.0	5.1
2016/12/14	2.2	9.6	6.6	5.4	5.0	5.0

（续表）

时间（年/月/日）	土壤盐分	土壤水分				
		0~10cm	10~20cm	20~30cm	30~40cm	40~50cm
2016/12/15	2.2	9.3	6.3	5.4	4.9	4.8
2016/12/16	2.1	9.1	6.1	5.4	4.9	4.5
2016/12/17	2.1	9.0	6.1	5.4	4.8	4.4
2016/12/18	2.1	8.8	5.9	5.3	4.7	4.3
2016/12/19	2.1	9.1	5.9	5.3	4.6	4.3
2016/12/20	2.1	9.5	6.1	5.3	4.7	4.5
2016/12/21	2.1	9.5	6.2	5.3	4.7	4.7
2016/12/22	2.1	9.0	6.1	5.3	4.7	4.6
2016/12/23	2.1	8.9	6.0	5.3	4.6	4.5
2016/12/24	2.1	8.7	6.0	5.2	4.6	4.4
2016/12/25	2.1	9.1	6.1	5.2	4.6	4.6
2016/12/26	2.1	9.1	6.2	5.3	4.6	4.7
2016/12/27	2.1	8.6	6.0	5.2	4.6	4.5
2016/12/28	2.1	8.3	5.7	5.1	4.4	4.2
2016/12/29	2.1	8.2	5.6	5.0	4.4	4.1
2016/12/30	2.1	8.1	5.5	5.0	4.3	4.0
2016/12/31	2.0	8.1	5.4	5.0	4.3	3.9
2017/01/01	2.1	8.6	5.6	5.1	4.4	4.1
2017/01/02	2.0	8.3	5.7	5.1	4.4	4.2
2017/01/03	2.0	8.6	5.7	5.1	4.4	4.2
2017/01/04	2.0	8.8	5.7	5.2	4.5	4.3
2017/01/05	2.0	8.7	5.7	5.2	4.5	4.3
2017/01/06	2.0	8.9	5.8	5.2	4.6	4.4
2017/01/07	2.0	8.3	5.7	5.2	4.5	4.3
2017/01/08	2.0	8.2	5.5	5.1	4.4	4.1
2017/01/09	2.0	8.6	5.6	5.1	4.4	4.1
2017/01/10	2.0	8.5	5.7	5.2	4.5	4.3
2017/01/11	2.0	8.1	5.6	5.2	4.4	4.2
2017/01/12	2.0	7.9	5.4	5.1	4.4	4.1
2017/01/13	2.0	7.8	5.3	5.0	4.3	3.9
2017/01/14	2.0	7.9	5.3	5.0	4.3	3.9
2017/01/15	2.0	8.2	5.3	5.1	4.3	3.9
2017/01/16	2.0	8.4	5.4	5.1	4.4	4.1
2017/01/17	2.0	8.4	5.6	5.2	4.5	4.2

（续表）

时间（年/月/日）	土壤盐分	土壤水分				
		0~10cm	10~20cm	20~30cm	30~40cm	40~50cm
2017/01/18	2.0	8.3	5.6	5.2	4.5	4.2
2017/01/19	2.0	8.1	5.4	5.2	4.4	4.1
2017/01/20	2.0	7.9	5.3	5.1	4.4	4.0
2017/01/21	2.0	7.9	5.3	5.1	4.3	3.9
2017/01/22	2.0	8.0	5.2	5.1	4.4	3.9
2017/01/23	2.0	7.9	5.2	5.0	4.3	3.8
2017/01/24	2.0	8.2	5.3	5.1	4.4	4.0
2017/01/25	2.0	8.2	5.4	5.2	4.5	4.1
2017/01/26	2.0	8.6	5.7	5.3	4.6	4.4
2017/01/27	2.0	8.5	5.8	5.3	4.7	4.5
2017/01/28	2.0	8.5	5.8	5.3	4.7	4.6
2017/01/29	2.0	8.5	5.9	5.3	4.7	4.6
2017/01/30	2.0	8.4	5.8	5.3	4.6	4.5
2017/01/31	2.1	8.5	5.8	5.3	4.6	4.6
2017/02/01	2.1	8.5	5.9	5.3	4.7	4.6
2017/02/02	2.1	8.6	6.0	5.3	4.7	4.8
2017/02/03	2.1	8.6	6.1	5.3	4.7	4.9
2017/02/04	2.1	8.6	6.2	5.3	4.8	5.0
2017/02/05	2.1	8.6	6.3	5.3	4.9	5.2
2017/02/06	2.1	8.7	6.5	5.4	4.9	5.3
2017/02/07	2.1	8.7	6.5	5.4	4.9	5.3
2017/02/08	2.2	8.7	6.6	5.4	5.0	5.4
2017/02/09	2.2	8.6	6.4	5.4	5.0	5.2
2017/02/10	2.2	8.7	6.4	5.4	5.0	5.2
2017/02/11	2.2	8.6	6.3	5.4	4.9	5.1
2017/02/12	2.2	8.7	6.2	5.4	4.9	5.0
2017/02/13	2.2	8.9	6.4	5.4	5.0	5.2
2017/02/14	2.2	8.8	6.7	5.5	5.1	5.4
2017/02/15	2.2	8.9	6.9	5.5	5.2	5.5
2017/02/16	2.2	8.8	7.1	5.7	5.2	5.6
2017/02/17	2.2	8.7	7.4	5.7	5.3	5.7
2017/02/18	2.2	9.2	7.5	5.7	5.3	5.6
2017/02/19	2.3	8.7	7.6	5.8	5.3	5.6
2017/02/20	2.3	8.7	7.7	5.8	5.4	5.6

（续表）

时间 （年/月/日）	土壤盐分	土壤水分				
		0~10cm	10~20cm	20~30cm	30~40cm	40~50cm
2017/02/21	2.3	8.6	7.7	5.8	5.4	5.7
2017/02/22	2.3	8.7	7.7	5.8	5.3	5.6
2017/02/23	2.3	8.9	7.7	5.7	5.3	5.6
2017/02/24	2.3	9.1	7.7	5.7	5.3	5.6
2017/02/25	2.3	9.5	7.7	5.8	5.3	5.6
2017/02/26	2.3	9.7	7.8	5.8	5.4	5.6
2017/02/27	2.4	9.8	7.8	5.9	5.4	5.7
2017/02/28	2.4	9.9	7.9	5.9	5.5	5.7
2017/03/01	2.4	9.9	7.9	6.0	5.5	5.8
2017/03/02	2.4	9.8	7.9	6.0	5.5	5.8
2017/03/03	2.4	9.7	7.9	6.0	5.5	5.8
2017/03/04	2.5	9.6	8.0	6.1	5.5	5.9
2017/03/05	2.5	9.5	8.0	6.0	5.5	5.9
2017/03/06	2.5	9.5	8.0	6.0	5.5	5.9
2017/03/07	2.5	9.6	8.0	6.1	5.6	5.9
2017/03/08	2.5	9.6	8.0	6.1	5.5	5.9
2017/03/09	2.5	9.5	8.0	6.1	5.6	6.0
2017/03/10	2.5	9.4	8.0	6.2	5.6	6.0
2017/03/11	2.6	9.3	8.0	6.2	5.6	6.0
2017/03/12	2.6	9.2	8.0	6.1	5.5	6.0
2017/03/13	2.6	9.8	7.9	6.0	5.5	5.9
2017/03/14	2.6	14.0	7.9	5.9	5.5	5.9
2017/03/15	2.6	15.0	7.9	6.0	5.5	5.9
2017/03/16	2.6	14.7	8.0	6.1	5.6	6.1
2017/03/17	2.6	14.5	8.1	6.2	5.7	6.1
2017/03/18	2.6	14.4	8.1	6.2	5.6	6.1
2017/03/19	2.6	14.2	8.2	6.2	5.7	6.2
2017/03/20	2.6	14.0	8.3	6.3	5.8	6.3
2017/03/21	2.7	13.8	8.4	6.4	5.9	6.3
2017/03/22	2.7	13.5	8.5	6.5	5.9	6.4
2017/03/23	2.7	13.2	8.6	6.5	5.9	6.4
2017/03/24	2.7	13.1	8.5	6.4	5.8	6.3
2017/03/25	2.8	13.1	8.6	6.4	5.8	6.3
2017/03/26	2.8	12.9	8.6	6.5	5.9	6.4

（续表）

时间（年/月/日）	土壤盐分	土壤水分				
		0~10cm	10~20cm	20~30cm	30~40cm	40~50cm
2017/03/27	2.8	12.7	8.7	6.5	6.0	6.4
2017/03/28	2.8	12.4	8.9	6.7	6.0	6.6
2017/03/29	2.9	12.1	8.9	6.7	6.1	6.7
2017/03/30	2.9	11.9	9.0	6.7	6.1	6.8
2017/03/31	2.9	11.7	9.0	6.8	6.2	6.9
2017/04/01	2.9	6.8	6.2	11.5	6.9	9.1
2017/04/02	3.0	6.9	6.2	11.2	6.9	9.1
2017/04/03	3.0	6.9	6.2	10.9	6.9	9.0
2017/04/04	3.0	6.9	6.2	10.9	6.9	9.0
2017/04/05	3.1	7.0	6.3	10.9	7.0	9.0
2017/04/06	3.1	7.2	6.4	10.8	7.0	9.0
2017/04/07	3.1	7.2	6.4	10.4	7.0	8.9
2017/04/08	3.2	7.1	6.3	10.1	6.9	8.7
2017/04/09	3.2	6.9	6.2	10.1	6.8	8.5
2017/04/10	3.2	6.9	6.1	10.1	6.7	8.5
2017/04/11	3.2	6.9	6.1	10.3	6.7	8.4
2017/04/12	3.2	6.9	6.2	10.5	6.7	8.4
2017/04/13	3.2	7.0	6.3	10.7	6.7	8.3
2017/04/14	3.2	7.1	6.4	10.6	6.7	8.3
2017/04/15	3.2	7.2	6.4	10.5	6.6	8.2
2017/04/16	3.2	7.1	6.3	11.6	6.5	8.1
2017/04/17	3.2	7.1	6.4	11.7	6.5	8.1
2017/04/18	3.3	7.3	6.5	11.3	6.6	8.1
2017/04/19	3.3	7.4	6.5	10.8	6.5	8.0
2017/04/20	3.3	7.2	6.3	10.7	6.2	7.8
2017/04/21	3.3	7.2	6.4	10.6	6.1	7.7
2017/04/22	3.3	7.3	6.5	10.6	6.1	7.7
2017/04/23	3.4	7.4	6.6	10.5	6.1	7.6
2017/04/24	3.3	7.5	6.6	10.2	6.1	7.5
2017/04/25	3.4	7.5	6.7	10.0	6.0	7.5
2017/04/26	3.4	7.5	6.7	9.6	5.9	7.3
2017/04/27	3.5	7.4	6.6	9.5	5.7	7.2
2017/04/28	3.5	7.4	6.6	9.5	5.6	7.2
2017/04/29	3.5	7.4	6.7	9.1	5.6	7.2

（续表）

时间（年/月/日）	土壤盐分	土壤水分				
		0~10cm	10~20cm	20~30cm	30~40cm	40~50cm
2017/04/30	3.5	7.5	6.7	8.7	5.7	7.2
2017/05/01	3.6	8.6	7.0	7.4	6.7	5.5
2017/05/02	3.6	8.2	7.1	7.4	6.7	5.6
2017/05/03	3.6	9.7	6.9	7.2	6.5	5.4
2017/05/04	3.6	11.5	6.9	7.2	6.4	5.3
2017/05/05	3.7	11.1	6.9	7.2	6.4	5.4
2017/05/06	3.6	10.9	6.8	7.1	6.3	5.3
2017/05/07	3.6	10.6	7.0	7.2	6.4	5.4
2017/05/08	3.6	10.5	7.0	7.2	6.5	5.4
2017/05/09	3.6	10.3	7.1	7.3	6.6	5.5
2017/05/10	3.6	9.7	7.0	7.3	6.6	5.5
2017/05/11	3.6	9.6	6.9	7.2	6.5	5.4
2017/05/12	3.7	9.3	6.9	7.3	6.6	5.4
2017/05/13	3.7	6.2	5.3	7.4	6.6	5.6
2017/05/14	3.7	9.5	6.8	7.2	6.5	5.3
2017/05/15	3.7	11.1	6.8	7.1	6.4	5.2
2017/05/16	3.8	10.9	6.8	7.1	6.4	5.3
2017/05/17	3.7	10.6	6.9	7.2	6.6	5.5
2017/05/18	3.7	10.4	6.9	7.3	6.6	5.5
2017/05/19	3.8	10.3	7.0	7.3	6.6	5.5
2017/05/20	3.8	9.9	7.1	7.4	6.7	5.6
2017/05/21	3.8	9.4	7.1	7.4	6.7	5.6
2017/05/22	3.9	12.2	7.0	7.3	6.6	5.5
2017/05/23	3.9	14.6	6.9	7.1	6.4	5.4
2017/05/24	3.9	13.7	6.9	7.1	6.4	5.5
2017/05/25	3.9	12.9	6.9	7.1	6.3	5.4
2017/05/26	3.9	12.0	6.9	7.1	6.3	5.4
2017/05/27	3.9	11.5	6.9	7.1	6.3	5.4
2017/05/28	3.8	11.0	7.1	7.3	6.5	5.6
2017/05/29	3.8	10.7	7.2	7.4	6.6	5.7
2017/05/30	3.8	10.3	7.2	7.4	6.7	5.7
2017/05/31	3.9	9.7	7.1	7.5	6.7	5.6
2017/06/01	3.9	9.6	7.0	7.3	6.6	5.5
2017/06/02	3.9	9.0	7.0	7.3	6.7	5.5

（续表）

时间（年/月/日）	土壤盐分	土壤水分				
		0~10cm	10~20cm	20~30cm	30~40cm	40~50cm
2017/06/03	3.9	9.2	6.8	7.2	6.4	5.3
2017/06/04	3.9	17.0	6.8	7.0	6.3	5.2
2017/06/05	3.9	16.2	7.0	7.0	6.3	5.3
2017/06/06	3.9	15.7	7.6	7.0	6.3	5.4
2017/06/07	3.9	15.0	8.3	7.1	6.4	5.7
2017/06/08	3.8	14.6	8.7	7.2	6.4	5.9
2017/06/09	3.8	15.4	9.0	7.3	6.5	6.1
2017/06/10	3.8	15.7	9.0	7.2	6.4	6.1
2017/06/11	3.8	15.0	9.1	7.2	6.4	6.2
2017/06/12	3.8	14.4	9.1	7.3	6.5	6.3
2017/06/13	3.8	13.7	9.0	7.4	6.6	6.4
2017/06/14	3.8	13.1	8.9	7.4	6.6	6.4
2017/06/15	3.8	12.5	8.7	7.4	6.6	6.4
2017/06/16	3.8	12.0	8.5	7.5	6.6	6.4
2017/06/17	3.8	11.4	8.2	7.6	6.8	6.4
2017/06/18	3.8	10.9	7.9	7.7	6.9	6.2
2017/06/19	3.8	10.6	7.7	7.7	6.9	6.1
2017/06/20	3.9	10.4	7.5	7.6	6.8	6.0
2017/06/21	3.9	10.4	7.5	7.7	6.9	5.9
2017/06/22	3.9	10.6	7.4	7.6	6.9	5.8
2017/06/23	3.9	10.4	7.4	7.7	7.0	5.8
2017/06/24	4.0	10.1	7.2	7.5	6.9	5.6
2017/06/25	3.9	9.9	7.2	7.5	6.9	5.6
2017/06/26	3.9	9.5	7.2	7.5	6.9	5.6
2017/06/27	4.0	8.9	7.2	7.6	7.0	5.7
2017/06/28	4.0	8.5	7.2	7.6	6.9	5.7
2017/06/29	4.0	8.6	7.0	7.4	6.7	5.5
2017/06/30	4.0	9.1	7.0	7.4	6.7	5.5
2017/07/01	4.0	8.8	7.1	7.5	6.7	5.6
2017/07/02	4.0	8.3	7.1	7.5	6.8	5.6
2017/07/03	4.1	7.9	7.0	7.5	6.7	5.6
2017/07/04	4.1	7.9	6.9	7.3	6.5	5.4
2017/07/05	4.1	10.3	6.9	7.3	6.4	5.4
2017/07/06	4.1	12.7	6.8	7.1	6.3	5.2

（续表）

时间（年/月/日）	土壤盐分	土壤水分				
		0~10cm	10~20cm	20~30cm	30~40cm	40~50cm
2017/07/07	4.1	11.8	6.9	7.3	6.4	5.4
2017/07/08	4.0	10.9	7.0	7.3	6.5	5.4
2017/07/09	4.0	10.5	6.9	7.3	6.4	5.3
2017/07/10	4.0	10.3	7.0	7.4	6.5	5.4
2017/07/11	4.0	9.8	7.0	7.4	6.6	5.4
2017/07/12	4.0	9.0	7.1	7.5	6.6	5.5
2017/07/13	4.0	8.3	7.1	7.6	6.6	5.5
2017/07/14	4.1	8.2	7.2	7.6	6.6	5.6
2017/07/15	4.1	12.5	8.1	7.4	6.5	5.4
2017/07/16	4.0	12.1	8.3	7.4	6.5	5.4
2017/07/17	4.1	11.3	8.4	7.5	6.6	5.5
2017/07/18	4.2	10.8	8.4	7.6	6.6	5.7
2017/07/19	4.3	10.3	8.2	7.7	6.7	5.8
2017/07/20	4.5	9.6	8.1	7.8	6.8	6.0
2017/07/21	4.7	8.9	7.9	7.8	6.8	6.0
2017/07/22	4.8	8.4	7.8	7.8	6.8	6.0
2017/07/23	5.0	8.1	7.6	7.8	6.7	5.9
2017/07/24	5.0	8.0	7.5	7.7	6.6	5.8
2017/07/25	5.0	7.9	7.4	7.7	6.6	5.8
2017/07/26	5.0	7.5	7.3	7.7	6.6	5.7
2017/07/27	5.0	12.9	7.0	7.5	6.3	5.4
2017/07/28	4.9	16.0	7.0	7.3	6.1	5.3
2017/07/29	4.8	14.9	7.2	7.4	6.3	5.4
2017/07/30	4.8	14.3	7.3	7.5	6.3	5.6
2017/07/31	4.7	13.6	7.5	7.6	6.4	5.7
2017/08/01	4.7	12.8	7.5	7.6	6.4	5.7
2017/08/02	4.6	12.6	7.4	7.4	6.3	5.6
2017/08/03	4.6	12.0	7.6	7.5	6.4	5.7
2017/08/04	4.6	15.1	7.7	7.6	6.5	5.8
2017/08/05	4.7	14.6	8.2	7.6	6.4	5.9
2017/08/06	4.7	16.1	14.0	7.5	6.4	7.5
2017/08/07	5.3	16.0	14.2	7.5	6.4	10.1
2017/08/08	5.2	15.3	13.9	7.7	6.6	10.9
2017/08/09	4.9	14.8	13.7	8.9	6.5	11.2

（续表）

时间（年/月/日）	土壤盐分	土壤水分				
		0~10cm	10~20cm	20~30cm	30~40cm	40~50cm
2017/08/10	4.9	14.1	13.3	9.9	6.5	11.2
2017/08/11	4.9	13.3	12.8	10.4	6.6	11.0
2017/08/12	4.9	12.6	12.4	10.6	6.7	10.8
2017/08/13	4.9	15.1	11.8	10.7	6.7	10.5
2017/08/14	4.8	14.0	11.2	10.7	6.7	10.2
2017/08/15	4.8	13.0	10.4	10.7	6.8	9.7
2017/08/16	4.8	11.9	9.5	10.6	6.9	9.1
2017/08/17	4.8	11.2	8.9	10.4	7.0	8.5
2017/08/18	4.8	10.9	8.7	10.2	7.0	8.1
2017/08/19	4.8	10.8	8.5	9.9	7.0	7.7
2017/08/20	4.8	14.4	8.4	9.8	7.0	7.5
2017/08/21	4.8	15.9	8.4	9.6	6.8	7.3
2017/08/22	4.7	17.0	8.5	9.6	6.7	7.3
2017/08/23	4.6	17.0	11.3	9.6	6.7	7.5
2017/08/24	4.5	16.3	13.9	9.6	6.5	10.1
2017/08/25	4.5	16.6	13.9	9.7	6.6	11.5
2017/08/26	4.4	16.8	14.4	10.3	6.9	12.7
2017/08/27	4.3	16.2	14.3	11.5	8.6	13.0
2017/08/28	4.3	16.2	14.3	12.0	10.4	13.0
2017/08/29	4.3	16.2	14.3	12.3	11.2	13.1
2017/08/30	4.2	15.7	14.2	12.5	11.6	13.0
2017/08/31	4.2	15.4	14.1	12.7	11.8	12.9
2017/09/01	4.2	15.2	13.9	12.7	11.9	12.8
2017/09/02	4.2	15.1	13.8	12.8	11.9	12.8
2017/09/03	4.1	14.8	13.5	12.8	11.9	12.6
2017/09/04	4.1	14.5	13.5	12.8	11.8	12.5
2017/09/05	4.1	14.5	13.5	12.7	11.7	12.3
2017/09/06	4.1	14.2	13.2	12.7	11.7	12.1
2017/09/07	4.1	13.8	12.9	12.7	11.6	11.8
2017/09/08	4.0	13.5	12.6	12.6	11.5	11.5
2017/09/09	4.0	13.0	12.3	12.5	11.3	11.2
2017/09/10	4.0	12.7	11.9	12.4	11.1	10.8
2017/09/11	4.0	12.1	11.1	12.3	10.9	10.2
2017/09/12	4.0	11.6	10.4	12.1	10.6	9.6

（续表）

时间（年/月/日）	土壤盐分	土壤水分				
		0~10cm	10~20cm	20~30cm	30~40cm	40~50cm
2017/09/13	3.9	11.3	9.9	11.9	10.3	9.2
2017/09/14	3.9	11.1	9.8	11.8	10.1	8.9
2017/09/15	3.9	11.1	9.7	11.5	9.9	8.7
2017/09/16	3.9	11.0	9.4	11.3	9.7	8.4
2017/09/17	3.9	11.0	9.3	11.0	9.4	8.1
2017/09/18	3.9	10.8	9.2	10.8	9.3	8.0
2017/09/19	3.8	12.0	9.2	10.7	9.3	7.9
2017/09/20	3.8	13.1	9.2	10.6	9.2	7.9
2017/09/21	3.8	12.7	9.1	10.5	9.2	7.8
2017/09/22	3.7	12.1	9.2	10.4	9.1	7.7
2017/09/23	3.7	11.7	9.2	10.4	8.9	7.7
2017/09/24	3.7	11.3	9.2	10.3	8.8	7.6
2017/09/25	3.7	11.2	9.2	10.2	8.7	7.6
2017/09/26	3.6	10.9	9.1	10.0	8.5	7.5
2017/09/27	3.6	10.9	9.0	9.8	8.4	7.3
2017/09/28	3.6	10.7	8.9	9.7	8.3	7.2
2017/09/29	3.6	10.6	8.7	9.5	8.2	7.1
2017/09/30	3.6	10.4	8.6	9.4	8.1	7.0
2017/10/01	3.6	10.3	8.5	9.3	8.1	6.9
2017/10/02	3.6	9.9	8.4	9.2	7.9	6.8
2017/10/03	3.6	10.6	8.3	9.0	7.8	6.6
2017/10/04	3.5	12.0	8.4	8.9	7.8	6.6
2017/10/05	3.5	11.7	8.4	8.9	7.8	6.7
2017/10/06	3.5	11.2	8.4	8.9	7.8	6.7
2017/10/07	3.4	11.0	8.3	8.9	7.8	6.7
2017/10/08	3.4	10.8	8.3	8.9	7.8	6.7
2017/10/09	3.3	16.3	8.2	8.6	7.6	6.5
2017/10/10	3.3	16.9	8.1	8.4	7.4	6.3
2017/10/11	3.2	16.1	9.7	8.4	7.5	6.4
2017/10/12	3.1	15.7	11.6	8.4	7.5	6.5
2017/10/13	3.1	15.5	12.1	8.5	7.5	6.7
2017/10/14	3.0	15.8	12.3	8.5	7.5	6.9
2017/10/15	3.0	15.5	12.5	8.5	7.6	7.3
2017/10/16	3.0	15.3	12.6	8.6	7.6	7.8

（续表）

时间（年/月/日）	土壤盐分	土壤水分				
		0~10cm	10~20cm	20~30cm	30~40cm	40~50cm
2017/10/17	3.0	15.3	12.5	8.6	7.7	8.2
2017/10/18	3.0	15.1	12.5	8.7	7.8	8.6
2017/10/19	2.9	15.1	12.5	8.7	7.8	8.8
2017/10/20	2.9	14.9	12.4	8.7	7.8	9.0
2017/10/21	2.9	14.8	12.3	8.7	7.9	9.1
2017/10/22	2.9	14.6	12.2	8.7	7.9	9.1
2017/10/23	2.9	14.4	12.1	8.7	7.9	9.1
2017/10/24	2.9	14.3	12.0	8.7	7.9	9.2
2017/10/25	2.9	14.3	12.0	8.7	8.0	9.2
2017/10/26	2.9	14.2	11.9	8.7	8.0	9.2
2017/10/27	2.9	14.1	11.8	8.8	8.1	9.2
2017/10/28	2.8	13.9	11.6	8.8	8.1	9.2
2017/10/29	2.8	13.7	11.5	8.8	8.2	9.1
2017/10/30	2.8	13.5	11.3	8.8	8.2	9.1
2017/10/31	2.8	13.4	11.2	8.9	8.3	9.1
2017/11/01	2.8	13.2	11.1	8.9	8.3	9.0
2017/11/02	2.8	13.0	11.0	8.9	8.3	8.9
2017/11/03	2.7	12.8	10.8	8.9	8.3	8.8
2017/11/04	2.7	12.6	10.7	8.9	8.3	8.8
2017/11/05	2.7	12.5	10.6	8.9	8.4	8.7
2017/11/06	2.7	12.3	10.5	8.9	8.4	8.7
2017/11/07	2.6	12.2	10.5	9.0	8.4	8.6
2017/11/08	2.6	12.0	10.4	9.0	8.4	8.6
2017/11/09	2.6	11.8	10.3	9.0	8.4	8.5
2017/11/10	2.6	11.8	10.2	9.0	8.4	8.4
2017/11/11	2.6	11.7	10.2	9.0	8.4	8.4
2017/11/12	2.6	11.6	10.1	9.0	8.4	8.3
2017/11/13	2.6	11.5	10.1	9.0	8.4	8.3
2017/11/14	2.5	11.4	10.0	8.9	8.3	8.2
2017/11/15	2.5	11.3	9.9	8.9	8.3	8.1
2017/11/16	2.5	11.3	9.9	8.9	8.2	8.0
2017/11/17	2.5	11.2	9.9	8.9	8.2	8.0
2017/11/18	2.4	11.2	9.8	8.9	8.2	8.0
2017/11/19	2.4	11.1	9.8	8.8	8.2	7.9

（续表）

时间（年/月/日）	土壤盐分	土壤水分				
		0~10cm	10~20cm	20~30cm	30~40cm	40~50cm
2017/11/20	2.4	10.9	9.7	8.8	8.1	7.8
2017/11/21	2.4	11.0	9.7	8.7	8.1	7.8
2017/11/22	2.4	10.7	9.6	8.7	8.1	7.7
2017/11/23	2.3	10.5	9.6	8.6	8.0	7.6
2017/11/24	2.3	10.2	9.5	8.6	8.0	7.5
2017/11/25	2.3	10.0	9.5	8.6	8.0	7.5
2017/11/26	2.3	9.9	9.4	8.5	7.9	7.4
2017/11/27	2.2	10.1	9.3	8.5	7.9	7.4
2017/11/28	2.2	10.2	9.2	8.5	7.9	7.3
2017/11/29	2.2	10.0	9.2	8.5	7.9	7.3
2017/11/30	2.2	9.9	9.0	8.5	8.0	7.2
2017/12/01	2.2	9.7	8.5	8.5	8.0	7.1
2017/12/02	2.2	9.6	8.2	8.5	8.0	6.7
2017/12/03	2.2	9.5	8.2	8.5	7.9	6.5
2017/12/04	2.1	9.4	8.1	8.5	7.7	6.5
2017/12/05	2.1	9.1	7.9	8.5	7.5	6.4
2017/12/06	2.1	9.1	7.7	8.3	7.2	6.3
2017/12/07	2.1	8.8	7.6	8.0	7.1	6.2
2017/12/08	2.1	8.7	7.5	7.8	7.0	6.1
2017/12/09	2.1	8.5	7.4	7.7	6.8	6.0
2017/12/10	2.0	8.4	7.2	7.5	6.7	5.9
2017/12/11	2.0	8.4	7.1	7.4	6.6	5.7
2017/12/12	2.0	8.5	7.0	7.4	6.5	5.7
2017/12/13	2.0	8.5	7.0	7.3	6.5	5.7
2017/12/14	2.0	8.8	7.1	7.4	6.6	5.9
2017/12/15	2.0	8.8	7.2	7.5	6.6	5.9
2017/12/16	2.0	8.6	7.2	7.5	6.6	5.9
2017/12/17	2.0	8.2	6.9	7.3	6.5	5.7
2017/12/18	2.0	7.9	6.7	7.1	6.3	5.5
2017/12/19	2.0	7.9	6.6	7.0	6.2	5.3
2017/12/20	2.0	7.8	6.4	6.9	6.1	5.2
2017/12/21	2.0	7.8	6.3	6.9	6.0	5.1
2017/12/22	1.9	7.9	6.3	6.9	6.1	5.2
2017/12/23	2.0	8.2	6.5	6.9	6.1	5.3

（续表）

时间（年/月/日）	土壤盐分	土壤水分				
		0~10cm	10~20cm	20~30cm	30~40cm	40~50cm
2017/12/24	1.9	8.1	6.5	7.0	6.2	5.4
2017/12/25	1.9	7.9	6.4	6.9	6.1	5.2
2017/12/26	1.9	7.8	6.3	6.8	6.0	5.2
2017/12/27	1.9	7.8	6.2	6.8	6.0	5.1
2017/12/28	1.9	7.8	6.2	6.8	6.0	5.1
2017/12/29	1.9	8.2	6.5	6.9	6.1	5.4
2017/12/30	1.9	8.2	6.6	7.0	6.2	5.5
2017/12/31	1.9	7.9	6.5	7.0	6.2	5.4
2018/01/01	1.9	7.8	6.3	6.8	6.0	5.2
2018/01/02	1.9	8.0	6.3	6.8	6.0	5.2
2018/01/03	1.9	8.1	6.5	6.9	6.1	5.4
2018/01/04	1.9	7.9	6.6	7.0	6.2	5.5
2018/01/05	1.9	7.6	6.4	6.9	6.1	5.3
2018/01/06	1.9	7.8	6.5	6.9	6.1	5.4
2018/01/07	1.9	7.7	6.5	6.9	6.1	5.4
2018/01/08	1.9	7.5	6.3	6.8	6.0	5.2
2018/01/09	1.9	7.2	6.0	6.6	5.8	4.9
2018/01/10	1.9	7.2	5.7	6.4	5.6	4.6
2018/01/11	1.9	7.2	5.5	6.3	5.5	4.4
2018/01/12	1.9	7.1	5.4	6.2	5.4	4.3
2018/01/13	1.9	7.5	5.5	6.2	5.5	4.4
2018/01/14	1.9	7.6	5.6	6.3	5.6	4.5
2018/01/15	1.9	7.8	5.6	6.3	5.6	4.5
2018/01/16	1.9	8.0	5.8	6.5	5.7	4.7
2018/01/17	1.9	8.1	5.9	6.6	5.8	4.9
2018/01/18	1.8	8.1	6.0	6.6	5.9	4.9
2018/01/19	1.9	8.0	6.0	6.6	5.9	4.9
2018/01/20	1.9	8.1	6.0	6.7	5.9	4.9
2018/01/21	1.9	8.3	6.1	6.7	6.0	5.0
2018/01/22	1.9	8.2	6.2	6.8	6.0	5.1
2018/01/23	1.9	8.1	6.1	6.7	6.0	5.0
2018/01/24	1.9	8.0	6.0	6.7	5.9	4.9
2018/01/25	1.9	8.2	6.2	6.7	6.0	5.0
2018/01/26	1.9	8.0	6.1	6.7	6.0	5.0

（续表）

时间（年/月/日）	土壤盐分	土壤水分				
		0~10cm	10~20cm	20~30cm	30~40cm	40~50cm
2018/01/27	1.9	8.2	6.2	6.7	6.0	5.1
2018/01/28	1.9	8.0	6.2	6.8	6.0	5.1
2018/01/29	1.8	7.6	5.9	6.6	5.8	4.8
2018/01/30	1.8	7.6	5.8	6.5	5.7	4.7
2018/01/31	1.8	7.4	5.6	6.3	5.6	4.5
2018/02/01	1.9	7.5	5.5	6.3	5.5	4.3
2018/02/02	1.8	7.5	5.5	6.2	5.5	4.3
2018/02/03	1.8	7.4	5.3	6.2	5.4	4.2
2018/02/04	1.8	7.4	5.3	6.1	5.4	4.1
2018/02/05	1.7	7.4	5.2	6.1	5.4	4.1
2018/02/06	1.4	7.5	5.2	6.1	5.4	4.1
2018/02/07	1.5	7.6	5.3	6.1	5.4	4.1
2018/02/08	1.2	7.5	5.4	6.2	5.5	4.2
2018/02/09	1.3	7.7	5.5	6.3	5.6	4.4
2018/02/10	1.2	7.6	5.6	6.3	5.6	4.4
2018/02/11	1.3	7.5	5.5	6.3	5.6	4.3
2018/02/12	1.3	7.5	5.4	6.2	5.5	4.3
2018/02/13	1.2	7.6	5.5	6.3	5.6	4.3
2018/02/14	1.1	7.9	5.8	6.5	5.8	4.6
2018/02/15	1.1	7.9	6.1	6.7	6.0	4.9
2018/02/16	1.2	8.0	6.3	6.8	6.1	5.1
2018/02/17	1.3	8.2	6.7	7.0	6.3	5.4
2018/02/18	1.3	8.3	7.1	7.3	6.6	5.8
2018/02/19	1.7	8.3	7.2	7.4	6.7	5.9
2018/02/20	1.9	8.3	7.3	7.5	6.8	6.0
2018/02/21	2.0	8.3	7.3	7.5	6.8	6.0
2018/02/22	2.1	8.3	7.0	7.4	6.7	5.7
2018/02/23	2.1	8.4	7.0	7.4	6.7	5.7
2018/02/24	2.1	8.6	7.1	7.4	6.7	5.8
2018/02/25	2.1	8.6	7.2	7.5	6.8	5.9
2018/02/26	2.1	8.6	7.4	7.6	6.9	6.1
2018/02/27	2.1	8.7	7.6	7.8	7.1	6.2
2018/02/28	2.1	8.6	8.0	7.9	7.2	6.5
2018/03/01	2.0	8.6	8.4	8.1	7.4	6.9

（续表）

时间（年/月/日）	土壤盐分	土壤水分				
		0~10cm	10~20cm	20~30cm	30~40cm	40~50cm
2018/03/02	1.8	8.6	9.1	8.3	7.7	7.5
2018/03/03	1.7	8.5	10.1	8.4	7.9	7.7
2018/03/04	1.7	8.4	9.9	8.5	8.0	7.6
2018/03/05	1.7	8.4	9.8	8.6	8.0	7.6
2018/03/06	1.7	8.4	9.8	8.6	8.1	7.7
2018/03/07	1.7	8.5	9.8	8.7	8.1	7.8
2018/03/08	1.8	8.5	9.8	8.8	8.2	7.8
2018/03/09	1.8	8.5	9.9	8.8	8.2	7.9
2018/03/10	1.8	8.5	9.9	8.9	8.3	8.0
2018/03/11	1.8	8.4	10.0	9.0	8.4	8.1
2018/03/12	1.9	8.3	10.0	9.1	8.5	8.1
2018/03/13	1.9	8.3	10.0	9.2	8.5	8.2
2018/03/14	2.0	8.2	10.0	9.3	8.6	8.3
2018/03/15	1.9	8.3	10.0	9.2	8.5	8.2
2018/03/16	2.1	8.1	10.1	9.4	8.7	8.3
2018/03/17	2.2	8.1	10.1	9.5	8.8	8.4
2018/03/18	2.2	8.1	10.1	9.6	8.8	8.4
2018/03/19	2.2	8.2	10.0	9.5	8.7	8.3
2018/03/20	2.3	8.2	10.0	9.6	8.8	8.3
2018/03/21	2.3	8.5	10.0	9.6	8.8	8.3
2018/03/22	2.3	8.7	9.9	9.6	8.8	8.3
2018/03/23	2.4	8.7	9.9	9.7	8.8	8.3
2018/03/24	2.4	8.5	9.9	9.7	8.8	8.3
2018/03/25	2.4	8.5	9.8	9.7	8.8	8.3
2018/03/26	2.5	8.3	9.8	9.8	8.9	8.3
2018/03/27	2.5	8.3	9.7	9.8	8.8	8.2
2018/03/28	2.5	8.3	9.6	9.8	8.8	8.2
2018/03/29	2.6	8.2	9.5	9.9	8.9	8.2
2018/03/30	2.6	8.0	9.4	10.0	8.9	8.2
2018/03/31	2.6	8.0	9.3	9.9	8.8	8.1
2018/04/01	2.6	8.2	9.1	9.8	8.7	7.9
2018/04/02	2.7	8.1	9.0	9.8	8.7	7.8
2018/04/03	2.7	7.9	8.8	9.8	8.7	7.8
2018/04/04	2.7	7.7	8.7	9.8	8.7	7.6

（续表）

时间（年/月/日）	土壤盐分	土壤水分				
		0~10cm	10~20cm	20~30cm	30~40cm	40~50cm
2018/04/05	2.7	7.7	8.5	9.7	8.5	7.5
2018/04/06	2.7	7.7	8.4	9.5	8.4	7.3
2018/04/07	2.7	8.1	8.2	9.3	8.2	7.1
2018/04/08	2.7	8.5	8.2	9.3	8.2	7.1
2018/04/09	2.7	8.6	8.3	9.3	8.3	7.1
2018/04/10	2.7	8.3	8.3	9.4	8.3	7.2
2018/04/11	2.7	8.1	8.2	9.3	8.2	7.1
2018/04/12	2.7	9.7	8.2	9.3	8.2	7.1
2018/04/13	2.7	15.2	8.1	9.1	8.1	7.0
2018/04/14	2.7	14.7	8.1	9.0	8.1	6.9
2018/04/15	2.7	14.1	8.2	9.0	8.1	7.0
2018/04/16	2.7	13.7	8.2	9.0	8.1	7.0
2018/04/17	2.7	13.2	8.4	9.1	8.3	7.2
2018/04/18	2.7	12.6	8.6	9.3	8.4	7.4
2018/04/19	2.7	12.2	8.7	9.4	8.5	7.5
2018/04/20	2.7	16.0	9.8	9.4	8.5	7.6
2018/04/21	2.8	14.9	11.3	9.4	8.6	7.6
2018/04/22	2.8	14.5	11.5	9.4	8.5	7.6
2018/04/23	2.9	14.0	11.6	9.4	8.6	7.6
2018/04/24	2.9	14.1	11.6	9.2	8.4	7.5
2018/04/25	2.9	13.9	11.6	9.3	8.5	7.6
2018/04/26	2.9	13.7	11.6	9.3	8.5	7.6
2018/04/27	2.9	13.3	11.5	9.3	8.5	7.7
2018/04/28	2.9	12.8	11.3	9.4	8.5	7.8
2018/04/29	2.9	12.3	11.0	9.7	8.6	7.9
2018/04/30	2.9	11.9	10.8	9.8	8.6	8.0
2018/05/01	2.9	12.2	10.7	9.7	8.6	8.0
2018/05/02	2.9	12.0	10.4	9.7	8.6	8.0
2018/05/03	3.0	11.6	10.1	9.8	8.7	8.1
2018/05/04	3.0	11.2	9.7	9.9	8.7	8.1
2018/05/05	3.0	10.7	9.4	9.8	8.6	8.0
2018/05/06	3.0	10.7	9.1	9.7	8.5	7.8
2018/05/07	3.0	10.7	8.9	9.7	8.5	7.7
2018/05/08	3.0	10.3	8.6	9.7	8.5	7.7

（续表）

时间（年/月/日）	土壤盐分	土壤水分				
		0～10cm	10～20cm	20～30cm	30～40cm	40～50cm
2018/05/09	3.1	10.0	8.5	9.6	8.4	7.5
2018/05/10	3.2	13.2	8.4	9.5	8.4	7.4
2018/05/11	3.3	15.5	8.4	9.4	8.4	7.4
2018/05/12	3.2	14.7	8.7	9.5	8.6	7.5
2018/05/13	3.2	14.0	9.0	9.6	8.6	7.7
2018/05/14	3.2	13.2	9.1	9.7	8.8	7.8
2018/05/15	3.2	12.3	9.1	9.8	8.9	7.9
2018/05/16	3.3	11.5	8.9	9.8	9.0	7.9
2018/05/17	3.3	11.1	8.7	9.8	8.9	7.7
2018/05/18	3.6	10.7	8.4	9.7	8.9	7.5
2018/05/19	3.7	14.3	8.4	9.6	8.9	7.4
2018/05/20	3.7	14.1	8.4	9.6	8.9	7.4
2018/05/21	3.7	14.8	8.5	9.5	8.9	7.4
2018/05/22	3.9	15.4	8.3	9.3	8.7	7.2
2018/05/23	3.8	14.6	8.5	9.4	8.7	7.3
2018/05/24	3.7	13.9	8.7	9.4	8.8	7.5
2018/05/25	3.7	13.1	8.8	9.5	8.9	7.6
2018/05/26	3.7	12.2	8.7	9.5	8.9	7.5
2018/05/27	3.7	11.8	8.6	9.4	8.8	7.4
2018/05/28	3.7	11.3	8.4	9.4	8.8	7.4
2018/05/29	3.7	10.9	8.2	9.4	8.9	7.2
2018/05/30	3.7	10.7	8.1	9.3	8.9	7.1
2018/05/31	3.7	10.5	8.0	9.3	8.9	7.0
2018/06/01	3.8	10.1	9.3	8.9	8.0	6.9
2018/06/02	3.7	9.8	9.2	8.8	7.8	6.8
2018/06/03	3.7	9.5	9.1	8.8	7.8	6.7
2018/06/04	3.7	9.7	8.9	8.7	7.6	6.5
2018/06/05	3.6	10.2	8.9	8.7	7.6	6.0
2018/06/06	3.5	10.0	9.0	8.8	7.7	6.5
2018/06/07	3.5	9.7	8.8	8.7	7.5	6.4
2018/06/08	3.4	10.4	8.7	8.6	7.5	6.3
2018/06/09	3.4	10.9	8.8	8.7	7.6	6.4
2018/06/10	3.4	10.6	8.9	8.8	7.8	6.4
2018/06/11	3.3	10.5	8.9	8.8	7.7	6.5

（续表）

时间（年/月/日）	土壤盐分	土壤水分				
		0~10cm	10~20cm	20~30cm	30~40cm	40~50cm
2018/06/12	3.3	10.2	9.0	8.9	7.8	6.6
2018/06/13	3.3	9.8	9.0	8.9	7.8	6.6
2018/06/14	3.3	9.2	9.0	8.9	7.7	6.6
2018/06/15	3.3	8.8	9.0	8.9	7.7	6.6
2018/06/16	3.3	8.7	8.9	8.8	7.6	6.5
2018/06/17	3.3	8.4	8.7	8.8	7.4	6.3
2018/06/18	3.3	8.5	8.6	8.7	7.3	6.2
2018/06/19	3.2	8.6	8.5	8.7	7.2	6.2
2018/06/20	3.2	8.7	8.6	8.8	7.3	6.3
2018/06/21	3.2	8.6	8.7	8.8	7.5	6.4
2018/06/22	3.1	8.8	8.8	8.7	7.5	6.4
2018/06/23	3.1	8.6	8.8	8.6	7.5	6.5
2018/06/24	3.1	8.3	8.8	8.1	7.5	6.5
2018/06/25	3.1	8.1	8.7	7.9	7.4	6.3
2018/06/26	3.1	8.3	8.6	7.8	7.3	6.3
2018/06/27	3.1	8.4	8.7	7.8	7.4	6.3
2018/06/28	3.1	10.1	8.8	8.0	7.6	6.5
2018/06/29	3.1	11.2	8.8	8.0	7.7	6.6
2018/06/30	3.1	11.0	8.8	8.0	7.8	6.7
2018/07/01	3.1	12.3	7.9	9.0	8.1	6.8
2018/07/02	3.1	16.0	9.6	8.8	7.9	6.6
2018/07/03	3.1	15.6	11.6	8.7	7.8	6.6
2018/07/04	3.1	15.6	12.2	8.6	7.7	6.6
2018/07/05	3.0	15.1	12.4	8.7	7.8	6.9
2018/07/06	3.0	14.8	12.3	8.7	7.8	7.1
2018/07/07	3.0	14.5	12.2	8.7	7.8	7.4
2018/07/08	3.0	14.5	12.2	8.7	7.8	7.6
2018/07/09	3.0	14.9	12.0	8.7	7.8	7.8
2018/07/10	3.0	14.9	11.8	8.8	7.9	8.1
2018/07/11	3.0	15.4	11.8	8.8	7.9	8.3
2018/07/12	3.0	14.7	11.5	9.0	8.0	7.9
2018/07/13	3.0	14.0	11.3	9.1	8.1	8.5
2018/07/14	3.0	13.1	10.9	9.2	8.3	8.7
2018/07/15	3.1	12.1	10.5	9.3	8.3	8.8

（续表）

时间（年/月/日）	土壤盐分	土壤水分				
		0~10cm	10~20cm	20~30cm	30~40cm	40~50cm
2018/07/16	3.1	11.9	10.2	9.3	8.2	8.7
2018/07/17	3.1	11.4	9.7	9.4	8.4	7.7
2018/07/18	3.2	10.9	9.2	9.5	8.5	8.2
2018/07/19	3.2	10.8	9.0	9.5	8.4	8.4
2018/07/20	3.2	14.6	13.0	9.4	8.4	8.4
2018/07/21	3.3	15.9	14.6	9.2	8.2	8.3
2018/07/22	3.3	15.0	14.2	9.3	8.2	8.6
2018/07/23	3.5	15.1	14.0	9.4	8.3	9.2
2018/07/24	3.8	15.4	13.9	9.5	8.2	10.0
2018/07/25	4.1	14.8	13.6	9.9	8.3	10.8
2018/07/26	4.2	14.1	13.3	10.4	8.4	10.5
2018/07/27	4.1	13.5	12.9	10.8	8.5	11.2
2018/07/28	4.1	13.2	12.3	11.1	8.6	11.4
2018/07/29	4.1	12.8	11.5	11.2	8.7	11.6
2018/07/30	4.1	12.3	10.5	11.2	8.8	11.4
2018/07/31	4.1	11.8	9.8	11.2	8.9	11.1
2018/08/01	4.1	11.5	9.3	11.0	8.8	10.8
2018/08/02	4.1	11.6	9.3	10.9	8.8	10.6
2018/08/03	4.1	16.4	13.0	10.8	8.8	10.6
2018/08/04	4.1	15.7	13.2	10.7	8.7	10.4
2018/08/05	4.1	15.0	12.8	10.8	8.8	10.6
2018/08/06	4.0	14.6	12.2	10.9	8.9	10.8
2018/08/07	4.0	14.2	11.6	10.8	8.9	10.8
2018/08/08	4.0	13.9	11.1	10.8	8.9	11.0
2018/08/09	4.0	13.5	10.4	10.9	9.0	11.0
2018/08/10	4.0	13.1	9.9	10.9	9.0	11.1
2018/08/11	4.0	12.7	9.4	10.8	9.0	11.2
2018/08/12	4.0	12.1	9.0	10.7	9.0	11.1
2018/08/13	4.0	14.3	9.0	10.6	8.9	11.1
2018/08/14	3.9	14.5	9.0	10.6	8.9	11.3
2018/08/15	3.9	14.9	9.1	10.6	8.9	11.7
2018/08/16	3.9	15.9	9.1	10.5	8.9	11.9
2018/08/17	3.8	15.3	9.0	10.4	8.8	12.0
2018/08/18	3.8	14.8	9.0	10.5	8.9	12.1

（续表）

时间（年/月/日）	土壤盐分	土壤水分				
		0~10cm	10~20cm	20~30cm	30~40cm	40~50cm
2018/08/19	3.8	14.4	9.0	10.5	8.9	12.2
2018/08/20	3.7	14.2	8.9	10.6	9.0	12.2
2018/08/21	3.7	18.2	12.9	10.6	9.0	12.3
2018/08/22	3.8	16.3	14.4	10.5	8.9	13.9
2018/08/23	3.8	15.5	14.1	11.1	10.0	14.4
2018/08/24	3.7	15.1	13.9	11.9	10.9	14.5
2018/08/25	3.7	14.8	13.7	12.2	11.3	14.5
2018/08/26	3.7	14.6	13.5	12.4	11.4	14.4
2018/08/27	3.7	14.6	13.3	12.5	11.5	14.4
2018/08/28	3.7	14.6	13.1	12.5	11.6	14.3
2018/08/29	3.6	14.3	12.9	12.6	11.6	14.2
2018/08/30	3.6	14.0	12.7	12.7	11.7	14.1
2018/08/31	3.7	13.9	12.6	12.7	11.6	13.9

第五章　水土流失观测场

水土流失监测，就是从保护水土资源和维护良好的生态环境出发，运用多种手段和方法，对水土流失的成因、数量、强度、影响范围及后果等进行动态监视和测定的活动。

通过观测不同条件下小区径流量与土壤流失量，研究土壤类型、植被覆盖、坡度及坡向等因子对径流与土壤侵蚀的影响。水土流失监测主要包括水的流失、土的流失和养分流失，按方法主要分为小区径流泥沙收集法、小流域水槽和量水堰法、核示踪法等。水土流失监测成果主要用于土地资源的利用与保护、国家和地区生态与环境建设及可持续发展规划等。

第一节　水土流失观测场

一、水土流失小区布设的基本原则

径流场应选择在地形、坡向、土壤、地质、植被、地下水和土地利用情况有代表性的地段上。

坡面尽可能处于自然状态，不能有土坑、道路、坟墓、土堆等影响径流流动的障碍物。

径流场的坡面应均匀一致，不能有急转的坡度，植被覆盖和土壤特征应一致。

植被和地表的枯枝落叶应保存完好，不应遭到破坏。

径流场应相对集中，交通便利，以利于进行水文气象观测，同时也利于进行人工降水试验。

其他因素的考虑。

二、径流场的设计

径流小区是水土流失定点监测的最基本单元，小区设计和建设的标准直接影响到观测数据的精度。径流小区主体包括小区护埂、集流槽、引水管、量水设备（分流桶和集流桶）4 部分。小区护埂应采用砖砌结构高标砂浆抹面，护埂宽 0.15m，基础深 0.30m，高出地面 0.30m，基础两侧的同填土一定要夯实，防止径流渗漏。护埂顶部做成有一定倾角的单面刃形斜坡，斜面朝外，如果小区相连，相连护埂应做成“V”字形，便于排水。同时需要注意避免踩踏而造成护埂破损，防止护埂处的降雨因滴溅进入小区内部，影响观测精度（图 5-1）。

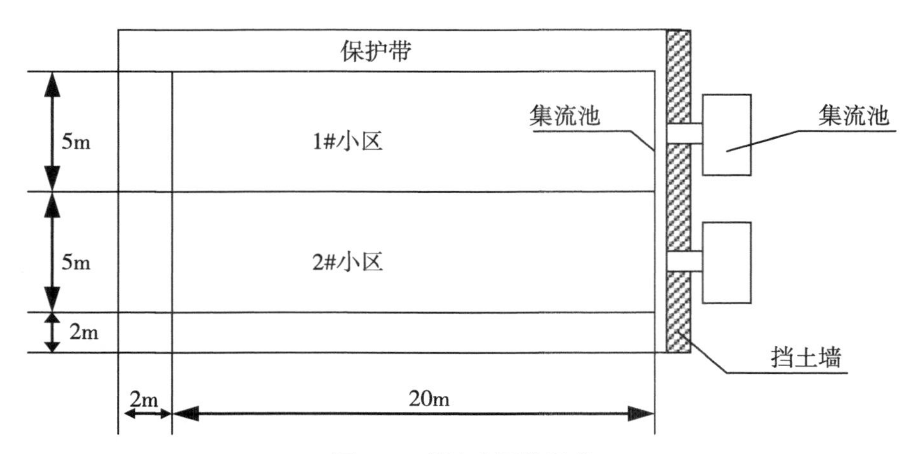

图 5-1　径流小区的组成

分流桶和集流桶是降雨产流后承接径流的常用量水设备，其容积大小和分流系数应根据径流小区的面积和会流特点，按 50 年一遇洪水标准来确定。北京地区分流桶常用 9 孔分流，部分小区分流孔都是均匀地布设在分流桶周同，其中 1 孔承接到集流桶。为此，分流桶是否摆放水平就直接影响到分流的均匀性通过近年来观察，分流不均匀（部分分流孔不出流）可造成观测数据非常大的误差。所以，要经常校核分流桶水平性。为了消除分流桶非水平造成的分流误差，可将分流孔均匀布设在对接集流桶的一侧，这样即使分流桶保持不了水平，也会大大减小分流的非均匀性，提高观测数据的精度。

三、径流和泥沙的观测方法

（一）径流量观测方法

经流观测方法可根据径流场可能产生的最大、最小流量选定，一般常用的方法有体积法、量水计法、溢流堰法、混合法。

观测仪器：水尺、浮子式水位计、超声波水位计、量水计、分水箱等。

（二）泥沙取样和测定方法

泥沙的取样方法最为常用的是在观测室蓄水池或流水中人工取样，或利用泥沙自动取样测定含沙量，取样器可以采用瓶式或其他形式。

用体积法观测径流时可在雨后一次取样，取样前先测定蓄水池中的泥水总体积，然后对泥水进行搅拌，分层取样。

取样后在室内过滤、烘干、称重，计算泥沙含量。

四、降水量等小气候的观测方法

用雨量计观测，主要仪器有雨量筒、虹吸式雨量计、翻斗式雨量计。

五、小区观测指标与方法

土壤综合特性的测定主要包括土壤崩解试验、土壤入渗试验、土壤抗冲试验、土壤抗剪试验、土壤容重、含水量测定。

（一）覆盖度

覆盖度是指林草冠层或面积在地上的垂直投影面积占统计区总面积的比例。

（二）郁闭度

覆盖度是指森林中乔灌彼此相接而遮蔽地面的情况。常用的方法有两种，树冠投影法和线段法。

（三）植被盖度

覆盖度是指林草地上的林草植株冠层或叶面在地上的垂直投影面积占该林草标准地面积的比例。

第二节　径流场管理维护

径流场应该包括若干个不同类型的径流小区、气象场、实验室及其他大量设施设备，径流场科学到位的管理维护直接影响到观测数据的可靠性。

一、标准小区

每年按当地传统耕作方法将地面耙平，并准备成苗床状态，然后保留裸露。春天翻耕 15~20cm 深，并按当地习惯进行适当中耕，一般中耕 3~5 次。保持没有明显杂草生长或结皮形成。每次降雨产流完成观测后，需及时回填土壤，消除径流冲刷造成的细沟。

二、自然坡地小区

每隔 15d 应采用垂直照相设备进行植被覆盖度观测。如覆盖度不符合设置要求（主要是超过设计覆盖度），应在尽量减少小区土壤扰动的情况下进行处理，保证植被覆盖度在观测期间符合设计要求。

三、农艺耕作小区

坡耕地的耕作、种植及管理按照当地种植习惯进行。

四、水土保持措施小区

水土保持措施如鱼鳞坑、梯田、水平条等要保持完好，要密切关注暴雨后毁坏情况，如有破坏，要及时修复，否则会严重影响后期观测数据的科学性与合理性。每次完成小区处理和维护后，要及时记录，填写小区处理情况记录表。

第三节　数据采集

一、数据录入与上传

完成各项现场观测和室内测定后，观测人员将各类数据按照一定次序录入测站客户端，主管监测的业务人员会对上传的数据进行合理性分析，审核和电子签名，通过网络上传至试验站监测中心数据管理系统。

二、数据整编

观测数据整编就是将监测点测得的原始数据按照统一格式进行整编、分析和统计，提炼成系统、完整且具有一定精度的整编成果的过程。

整编数据主要包括两大部分：原始观测数据，包括监测点各类观测数据，如降水量及强度、集流桶径流深、水样含沙量、土壤含水量、水质化验结果、小区维护处理记录等所有相关数据；成果性数据，包括系统计算得出的小区土壤侵蚀模数、径流模数等分析测试结果数据及各类水土保持措施效益数据等。数据整编原则要求每场降雨后，要对所有记录数据进行校核，对所有成果性数据进行合理性分析，做好编号和记录整理工作。每年将所有原始记录表（如监测点年度的雨量纸、现场记录表）按照日期进行归类装订和存档，建议进行复印备份，将所有成果性数据从数据库导出，按日期和内容进行分类，进行纸质化装订，同时进行电子化备份管理。

第六章　空气质量监测数据

一、空气质量指数

空气质量指数（Air Quality Index）也称为空气污染指数，就是根据环境空气质量标准和各项污染物对人体健康、生态、环境的影响，将常规监测的几种空气污染物浓度简化成为单一的概念性指数值形式，它将空气污染程度和空气质量状况分级表示，适合于表示城市的短期空气质量状况和变化趋势。针对单项污染物还规定了空气质量分指数。参与空气质量评价的主要污染物为细颗粒物、可吸入颗粒物、二氧化硫、二氧化氮、臭氧、一氧化碳等六项。

可吸入颗粒物是指悬浮在空气中，空气动力学当量直径≤10μm 的颗粒物。目前主要监测 PM2. 5 和 PM10。PM2. 5 是指细颗粒物指环境空气中空气动力学当量直径小于等于 2. 5μm 的颗粒物，它能较长时间悬浮于空气中，其在空气中含量浓度越高，就代表空气污染越严重。虽然 PM2. 5 只是地球大气成分中含量很少的组分，但它对空气质量和能见度等有重要的影响。与较粗的大气颗粒物相比，PM2. 5 粒径小、面积大、活性强、易附带有毒、有害物质（例如，重金属、微生物等），且在大气中的停留时间长、输送距离远，因而对人体健康和大气环境质量的影响更大。PM10 是指总悬浮颗粒物是指飘浮在空气中的固态和液态颗粒物的总称，其粒径为 0. 1～100μm。有些颗粒物因粒径大或颜色黑可以为肉眼所见，比如可吸入颗粒物（如烟尘）。有些则小到使用电子显微镜才可观察到。通常把粒径在 10μm 以下的颗粒物称为可吸入颗粒物。

二氧化氮化学式 NO_2，是一种棕红色、高度活性的气态物质，在臭氧的形成过程中起着重要作用。人为产生的二氧化氮主要来自高温燃烧过程的释放，比如机动车、电厂废气的排放等。

二氧化硫可形成工业烟雾，高浓度时能刺激人的呼吸道，使人呼吸困难，严重时能诱发各种呼吸系统疾病，甚至致人死亡。二氧化硫进入大气层后，溶于水形成亚硫酸（H_2SO_3），部分会被氧化为硫酸（H_2SO_4），形成酸雨，酸雨能使大片森林和农作物毁坏，能使纸品、纺织品、皮革制品等腐蚀破碎，能使金属的防锈涂料变质而降低保护作用，还会腐蚀、污染建筑物。二氧化硫还会在空气中形成悬浮颗粒物，又称气溶胶，随着人的呼吸进入肺部，对肺有直接损伤作用。

二、AQI 计算与评价过程

第一步是对照各项污染物的分级浓度限值 AQI 的浓度限值参照（GB 3095—2012），

API的浓度限值参照（GB 3095—2012），以细颗粒物（PM2.5）、可吸入颗粒物（PM10）、二氧化硫（SO_2）、二氧化氮（NO_2）、臭氧（O_3）、一氧化碳（CO）等各项污染物的实测浓度值（其中PM2.5、PM10为24h平均浓度）分别计算得出空气质量分指数（Individual Air Quality Index，简称IAQI）：

$$IAQI_P=\frac{IAQI_{Hi}-IAQI_{Lo}}{BP_{Hi}-BP_{Lo}}(C_P-BP_{Lo})+IAQI_{Lo}$$

式中：

$IAQI_P$ ——污染物项目P的空气质量分指数；

C_P ——污染物项目P的质量浓度值；

BP_{Hi} ——表6-1（相应地区的空气质量分指数及对应的污染物项目浓度指数表）中与CP相近的污染物浓度限值的高位值；

BP_{Lo} ——表6-1（相应地区的空气质量分指数及对应的污染物项目浓度指数表）中与CP相近的污染物浓度限值的低位值；

$IAQI_{Hi}$——表6-1（相应地区的空气质量分指数及对应的污染物项目浓度指数表）中与BP_{Hi}对应的空气质量分指数；

$IAQI_{Lo}$——表6-1（相应地区的空气质量分指数及对应的污染物项目浓度指数表）中与BP_{Lo}对应的空气质量分指数。

第二步是从各项污染物的IAQI中选择最大值确定为AQI，当AQI大于50时将IAQI最大的污染物确定为首要污染物；

$$AQI=\max\{IAQI_1, IAQI_2, IAQI_3\cdots\cdots IAQI_n\}$$

式中：

IAQI ——空气质量分指数；

n ——污染物项目。

第三步是对照AQI分级标准，确定空气质量级别、类别及表示颜色、健康影响与建议采取的措施。

简言之，AQI就是各项污染物的空气质量分指数（IAQI）中的最大值，当AQI大于50时对应的污染物即为首要污染物。IAQI大于100的污染物为超标污染物（表6-2）。

表6-1　空气质量指数（AQI）标准

等级	空气质量指数	空气质量状况	健康指标	建议措施
一级	0~50	优	空气质量令人满意，基本无空气污染，对健康没有危害	可多参加户外活动，呼吸新鲜空气
二级	51~100	良好	除少数对某些污染物特别敏感的人群外，不会对人体健康产生危害	除少数对某些污染物特别容易过敏的人群外，其他人群可以正常进行室外活动
三级	101~150	轻度污染	敏感人群症状会有轻度加剧，对健康人群没有明显影响	敏感人群需减少体力消耗较大的户外活动

（续表）

等级	空气质量指数	空气质量状况	健康指标	建议措施
四级	151～200	中度污染	敏感人群症状进一步加剧，可能对健康人群的心脏、呼吸系统有影响	敏感人群应尽量减少外出，一般人群适当减少户外运动
五级	201～300	重度污染	空气状况很差，会对每个人的健康都产生比较严重的危害	敏感人群应停止户外运动，一般人群尽量减少户外运动
六级	>300	严重污染	空气状况极差，所有人的健康都会受到严重危害	除有特殊需要的人群外，尽量不要留在室外

表 6-2　空气质量指数（AQI）数据（2014—2018）

日期（年/月/日）	质量等级	AQI 指数	PM2.5	PM10	SO_2	NO_2	CO	O_3
2014/01/01	中度污染	162	120	214	52	38	1.76	20
2014/01/02	轻度污染	128	77	154	49	28	1.6	21
2014/01/03	轻度污染	101	69	141	52	33	1.53	20
2014/01/04	轻度污染	122	92	164	51	37	1.58	20
2014/01/05	轻度污染	116	87	162	53	35	1.74	18
2014/01/06	良	98	62	134	38	26	1.3	36
2014/01/07	良	52	15	56	22	26	1.26	38
2014/01/08	优	49	23	55	28	35	1.47	35
2014/01/09	良	84	53	116	43	51	2.29	25
2014/01/10	良	85	55	118	37	47	1.69	26
2014/01/11	良	73	40	94	30	37	1.49	28
2014/01/12	良	82	50	113	44	45	1.94	22
2014/01/13	轻度污染	105	74	150	45	52	2.35	21
2014/01/14	轻度污染	102	74	147	55	48	2.21	24
2014/01/15	中度污染	184	292	148	44	51	2.27	26
2014/01/16	轻度污染	117	83	160	54	61	2.11	55
2014/01/17	轻度污染	135	101	199	51	53	1.99	21
2014/01/18	轻度污染	139	97	190	37	47	1.98	32
2014/01/19	轻度污染	142	51	231	27	27	1.3	45
2014/01/20	轻度污染	123	86	168	44	50	2.36	24
2014/01/21	轻度污染	115	87	135	47	55	2.28	26
2014/01/22	轻度污染	132	100	142	51	68	2.79	27
2014/01/24	良	75	36	99	28	31	1.14	37
2014/01/25	良	73	49	82	37	45	1.54	33

（续表）

日期（年/月/日）	质量等级	AQI 指数	PM2.5	PM10	SO_2	NO_2	CO	O_3
2014/01/26	良	100	74	113	49	55	2.62	22
2014/01/27	良	92	66	103	31	41	2.18	33
2014/01/28	良	71	51	75	37	46	1.6	37
2014/01/29	轻度污染	136	85	155	42	58	2.04	41
2014/01/30	轻度污染	104	71	128	44	54	1.93	45
2014/01/31	中度污染	153	115	158	55	56	2.28	41
2014/02/01	轻度污染	105	78	106	48	52	2.05	43
2014/02/02	轻度污染	114	85	129	40	46	2.25	38
2014/02/03	良	72	22	94	22	19	0.76	49
2014/02/04	良	69	37	86	30	25	1.06	36
2014/02/05	良	72	38	93	23	15	0.82	29
2014/02/06	良	77	46	103	20	14	0.78	34
2014/02/07	轻度污染	106	61	160	23	21	1.26	35
2014/02/08	良	93	66	123	23	15	0.74	45
2014/02/09	优	48	31	46	15	12	0.58	51
2014/02/10	良	80	58	72	19	24	1.15	40
2014/02/11	良	87	64	86	20	24	1.05	41
2014/02/12	良	69	49	70	15	19	0.75	47
2014/02/13	良	99	74	94	20	30	1.37	39
2014/02/14	轻度污染	118	88	111	30	45	1.55	44
2014/02/15	轻度污染	103	77	102	43	45	1.83	34
2014/02/16	良	92	68	83	29	37	1.61	35
2014/02/17	良	99	74	89	38	45	1.48	47
2014/02/18	良	97	66	101	43	52	2.26	36
2014/02/19	良	79	53	98	49	69	2.07	31
2014/02/20	良	98	72	138	47	71	2.73	26
2014/02/21	良	89	65	109	38	64	1.62	53
2014/02/22	良	99	74	120	33	55	1.87	45
2014/02/23	良	100	74	123	33	51	1.91	35
2014/02/24	良	87	63	103	26	44	1.47	36
2014/02/25	轻度污染	105	66	135	23	41	1.56	38
2014/02/26	中度污染	170	160	184	15	21	0.56	64
2014/02/27	良	93	40	135	25	56	1.34	27
2014/02/28	良	92	32	133	20	26	0.72	57

（续表）

日期（年/月/日）	质量等级	AQI 指数	PM2.5	PM10	SO_2	NO_2	CO	O_3
2014/03/01	良	93	42	137	30	43	1.2	67
2014/03/02	良	84	40	118	23	38	0.8	71
2014/03/03	良	87	43	124	18	34	1	76
2014/03/04	良	86	30	122	21	40	0.8	73
2014/03/05	良	99	38	148	25	41	0.8	118
2014/03/06	良	87	41	124	35	45	1	115
2014/03/07	良	77	47	104	25	36	1	107
2014/03/08	良	97	60	145	29	59	1.4	126
2014/03/09	轻度污染	106	69	162	41	74	1.9	87
2014/03/10	良	99	64	148	36	61	1.6	60
2014/03/11	良	89	33	128	21	26	0.8	69
2014/03/12	良	85	27	120	19	18	0.5	65
2014/03/13	良	95	47	140	32	57	1	74
2014/03/14	轻度污染	120	64	190	41	75	1.8	71
2014/03/15	轻度污染	127	80	205	53	88	2.2	90
2014/03/16	轻度污染	111	66	173	41	65	1.7	78
2014/03/17	轻度污染	107	47	164	25	43	1	70
2014/03/18	轻度污染	130	67	211	36	56	1.4	92
2014/03/19	轻度污染	146	65	242	29	34	0.6	109
2014/03/20	良	80	28	110	24	33	0.6	56
2014/03/21	良	88	37	125	23	47	1.1	76
2014/03/22	良	65	30	80	15	31	1	48
2014/03/23	良	72	42	93	23	48	1.6	57
2014/03/24	轻度污染	110	60	170	38	55	1.9	47
2014/03/25	轻度污染	124	74	197	38	64	1.7	36
2014/03/26	轻度污染	132	67	214	34	57	1.7	50
2014/03/27	轻度污染	122	64	194	17	30	0.9	41
2014/03/28	良	100	52	149	23	40	1	41
2014/03/29	轻度污染	110	67	169	36	65	1.4	40
2014/03/30	良	70	45	89	20	32	0.9	32
2014/03/31	良	83	58	117	24	52	1.8	55
2014/04/01	良	91	51	128	36	50	1.51	37
2014/04/02	良	62	31	74	30	29	0.79	63
2014/04/03	良	68	34	86	30	36	1	44

（续表）

日期 （年/月/日）	质量等级	AQI 指数	PM2.5	PM10	SO_2	NO_2	CO	O_3
2014/04/04	良	88	54	125	38	59	1.38	41
2014/04/05	良	82	45	112	31	53	1.46	37
2014/04/06	良	74	41	96	23	52	1.11	36
2014/04/07	轻度污染	110	65	167	38	73	1.68	44
2014/04/08	轻度污染	121	65	186	35	68	1.5	49
2014/04/09	良	69	48	77	21	33	1.15	48
2014/04/10	轻度污染	109	58	167	31	61	1.34	35
2014/04/11	良	80	52	106	18	37	1.02	44
2014/04/12	良	77	46	103	23	50	1.36	32
2014/04/13	良	81	43	110	28	56	1.31	37
2014/04/14	良	66	30	81	24	39	1.28	42
2014/04/15	良	60	35	67	27	56	1.58	31
2014/04/16	优	44	24	45	20	26	1.09	45
2014/04/17	良	64	38	77	25	28	1.02	36
2014/04/18	优	44	28	42	17	29	1	33
2014/04/19	优	45	28	44	17	34	1.06	38
2014/04/20	良	57	40	57	19	39	1.17	27
2014/04/21	优	43	22	45	14	41	1.17	34
2014/04/22	良	82	47	112	26	67	1.92	43
2014/04/23	良	96	57	141	28	64	1.67	33
2014/04/24	严重污染	347	254	977	19	37	1.07	32
2014/04/25	严重污染	265	115	388	18	41	1.23	36
2014/04/26	严重污染	254	91	382	35	56	1.72	26
2014/04/27	中度污染	189	80	311	37	51	1.66	37
2014/04/28	轻度污染	132	62	212	31	55	1.22	45
2014/04/29	中度污染	152	80	251	43	80	1.76	43
2014/04/30	重度污染	244	133	457	47	72	1.79	40
2014/05/01	轻度污染	101	45	134	12	22	0.8	60
2014/05/02	轻度污染	101	44	151	20	51	1.28	43
2014/05/03	轻度污染	120	56	188	24	61	1.15	36
2014/05/04	良	93	35	134	23	53	1.24	42
2014/05/05	良	83	37	115	36	67	1.6	45
2014/05/06	轻度污染	108	56	165	42	78	1.77	39
2014/05/07	轻度污染	107	58	163	45	73	1.75	49

（续表）

日期（年/月/日）	质量等级	AQI 指数	PM2.5	PM10	SO_2	NO_2	CO	O_3
2014/05/08	轻度污染	105	54	158	35	70	1.49	59
2014/05/09	严重污染	337	271	746	11	21	0.93	59
2014/05/10	良	69	41	91	10	25	1.11	55
2014/05/11	良	74	47	82	29	60	2.03	61
2014/05/12	良	84	49	110	44	62	1.67	58
2014/05/13	良	92	49	132	23	37	1.07	76
2014/05/14	良	73	33	90	16	24	0.81	77
2014/05/15	良	68	33	83	34	57	1.42	53
2014/05/16	良	85	38	117	41	67	1.48	57
2014/05/17	良	77	43	104	39	67	1.22	44
2014/05/18	轻度污染	111	61	165	33	50	1.33	46
2014/05/19	良	56	30	63	21	44	1.14	58
2014/05/20	轻度污染	103	60	149	40	72	1.52	56
2014/05/21	良	68	34	85	29	36	1.03	51
2014/05/22	良	66	30	80	16	31	1.08	51
2014/05/23	良	76	43	96	21	33	1.18	48
2014/05/24	重度污染	205	118	374	10	33	0.95	51
2014/05/25	重度污染	232	119	344	20	43	0.91	59
2014/05/26	轻度污染	125	74	199	29	56	1.52	65
2014/05/27	良	85	55	111	27	56	1.29	61
2014/05/28	良	96	61	134	34	68	1.56	46
2014/05/29	良	88	53	122	35	46	1.59	53
2014/05/30	良	66	33	83	17	36	1.15	49
2014/05/31	良	70	41	84	27	37	1.51	64
2014/06/01	良	83	55	101	27	26	1.67	60
2014/06/02	良	85	62	86	16	16	1.33	64
2014/06/03	良	84	61	90	15	16	1.21	45
2014/06/04	良	78	51	97	18	28	1.36	47
2014/06/05	良	80	42	108	17	26	1.55	53
2014/06/06	良	72	37	93	11	15	1.25	74
2014/06/07	良	92	53	131	31	44	1.44	45
2014/06/08	良	74	40	96	17	24	0.73	67
2014/06/09	良	64	34	76	15	26	0.8	54
2014/06/10	良	68	44	79	21	34	1.12	46

（续表）

日期（年/月/日）	质量等级	AQI 指数	PM2.5	PM10	SO_2	NO_2	CO	O_3
2014/06/11	良	82	56	106	19	37	1.01	52
2014/06/12	良	66	45	74	19	29	1.02	66
2014/06/13	良	81	59	72	11	28	1.02	53
2014/06/14	轻度污染	115	85	126	27	35	1.36	66
2014/06/15	良	83	52	109	26	32	1.49	71
2014/06/16	良	74	36	96	24	28	0.99	72
2014/06/17	良	93	50	132	34	33	1.28	61
2014/06/18	良	74	48	92	15	16	0.76	50
2014/06/19	良	59	40	60	7	21	0.81	45
2014/06/20	良	75	45	95	20	37	1.24	33
2014/06/21	良	89	53	122	16	37	1.31	51
2014/06/22	良	82	41	113	16	37	1.22	39
2014/06/23	良	68	40	83	12	25	0.95	47
2014/06/24	良	62	37	66	6	21	0.85	40
2014/06/25	轻度污染	106	79	117	10	41	1.15	43
2014/06/26	良	92	63	112	28	48	1.84	45
2014/06/27	良	97	61	141	11	28	0.84	48
2014/06/28	良	60	41	56	6	30	0.81	41
2014/06/29	良	69	42	80	14	38	1.47	40
2014/06/30	良	77	54	86	15	48	0.91	39
2014/07/01	良	78	53	92	21	43	1.22	51
2014/07/02	良	86	57	113	23	48	1.26	53
2014/07/03	良	59	38	65	8	37	0.84	56
2014/07/04	良	84	53	111	21	54	1.29	56
2014/07/05	良	78	44	102	16	42	1.04	57
2014/07/06	良	68	42	84	9	26	0.78	52
2014/07/07	轻度污染	107	68	161	9	25	0.76	53
2014/07/08	良	60	42	58	6	22	0.9	39
2014/07/09	优	47	32	39	6	22	0.85	43
2014/07/10	良	59	39	64	9	27	0.9	40
2014/07/11	良	85	48	118	14	49	0.96	31
2014/07/12	良	90	48	130	12	36	0.63	41
2014/07/13	良	68	41	82	12	52	1.11	35
2014/07/14	良	73	43	94	18	54	1.5	45

（续表）

日期（年/月/日）	质量等级	AQI指数	PM2.5	PM10	SO_2	NO_2	CO	O_3
2014/07/15	良	73	43	93	21	41	0.78	68
2014/07/16	良	68	36	83	16	43	0.87	54
2014/07/17	良	69	39	87	14	41	0.81	52
2014/07/18	良	61	36	69	8	31	0.8	43
2014/07/19	良	58	40	60	10	31	0.92	45
2014/07/20	优	49	29	50	9	31	0.82	23
2014/07/21	良	63	38	73	9	25	0.79	33
2014/07/22	良	54	37	51	5	35	0.99	24
2014/07/23	良	65	44	63	7	45	1.42	38
2014/07/24	良	85	60	95	16	52	1.75	44
2014/07/25	良	95	54	135	16	54	1.22	50
2014/07/26	良	82	45	112	17	52	1.13	45
2014/07/27	良	60	36	68	11	34	1.19	54
2014/07/28	良	72	38	92	15	39	1.22	44
2014/07/29	良	80	44	108	16	36	0.92	48
2014/07/30	良	80	50	109	17	40	1.31	40
2014/07/31	良	74	47	95	10	36	0.72	30
2014/08/01	良	71	41	91	15	36	0.94	41
2014/08/02	轻度污染	105	70	157	17	39	0.8	34
2014/08/03	良	72	44	92	16	26	0.78	38
2014/08/04	良	51	34	51	10	28	0.86	31
2014/08/05	良	84	62	81	12	36	0.99	27
2014/08/06	优	39	26	36	11	27	0.78	46
2014/08/07	良	70	43	88	18	41	1.15	51
2014/08/09	良	81	47	108	15	51	1.23	52
2014/08/10	良	91	50	126	16	56	1.29	29
2014/08/11	良	55	37	58	11	29	0.71	48
2014/08/12	良	55	35	54	14	42	0.74	52
2014/08/13	良	60	33	70	19	44	0.75	46
2014/08/14	良	68	36	84	19	48	0.91	63
2014/08/15	良	84	49	116	23	64	1.23	59
2014/08/16	良	78	42	102	16	46	0.84	62
2014/08/17	良	64	33	77	18	25	0.68	61
2014/08/18	良	86	49	116	24	40	1.19	44

（续表）

日期（年/月/日）	质量等级	AQI 指数	PM2.5	PM10	SO_2	NO_2	CO	O_3
2014/08/19	良	79	39	104	16	31	0.86	62
2014/08/20	良	72	44	91	17	31	1.09	48
2014/08/21	良	91	67	104	14	38	1.61	30
2014/08/23	良	79	53	99	9	39	1.08	33
2014/08/24	良	67	40	81	20	42	1.45	47
2014/08/25	良	81	46	107	21	46	1.28	40
2014/08/26	良	69	45	82	26	42	1.36	58
2014/08/27	良	91	49	129	24	33	1.38	52
2014/08/28	良	60	31	70	12	18	0.82	49
2014/08/29	良	57	34	63	8	16	0.72	43
2014/08/30	良	52	32	53	7	15	0.64	48
2014/08/31	良	73	43	93	19	28	1.11	32
2014/09/01	良	62	36	76	9	23	0.79	39
2014/09/02	良	66	36	80	13	26	0.94	41
2014/09/03	良	88	46	120	20	33	1.17	51
2014/09/04	良	86	48	119	18	28	1.03	49
2014/09/05	良	69	38	86	13	21	0.78	42
2014/09/06	良	62	42	67	12	19	0.82	36
2014/09/07	良	64	43	70	18	26	1.01	44
2014/09/08	轻度污染	105	76	126	17	34	1.18	21
2014/09/09	轻度污染	123	90	126	14	33	1.38	35
2014/09/10	良	62	34	75	13	28	1.07	26
2014/09/11	优	44	30	40	11	19	0.98	31
2014/09/12	良	74	50	90	23	39	1.83	24
2014/09/13	轻度污染	121	77	186	15	25	1.07	27
2014/09/14	良	55	37	61	9	17	0.71	36
2014/09/15	优	49	29	49	11	22	0.88	41
2014/09/16	优	41	23	39	9	23	0.93	37
2014/09/17	良	61	36	71	12	37	1.02	45
2014/09/18	良	82	54	108	20	43	1.37	44
2014/09/19	良	82	47	107	23	49	1.25	45
2014/09/20	良	75	34	98	20	42	1.25	39
2014/09/21	良	51	27	54	13	27	1.15	27
2014/09/22	优	42	25	40	8	23	0.85	41

（续表）

日期（年/月/日）	质量等级	AQI 指数	PM2.5	PM10	SO_2	NO_2	CO	O_3
2014/09/23	良	62	43	66	12	42	1.45	42
2014/09/24	良	89	58	119	21	49	1.67	54
2014/09/25	良	68	35	85	13	36	1.08	47
2014/09/26	良	77	47	100	22	38	1.27	37
2014/09/27	良	94	62	126	23	39	1.43	33
2014/09/28	良	75	50	83	13	31	1.24	49
2014/09/29	良	90	56	128	21	37	1.35	44
2014/09/30	良	64	33	76	14	19	1.06	39
2014/10/01	良	65	36	78	10	17	0.93	40
2014/10/02	良	99	59	144	16	28	1.19	44
2014/10/03	良	92	51	132	17	22	0.96	51
2014/10/04	良	60	29	73	11	16	0.79	50
2014/10/05	良	77	43	101	25	33	1.42	40
2014/10/06	良	72	39	91	21	27	1.16	43
2014/10/07	良	75	49	93	24	34	1.11	37
2014/10/08	良	85	59	101	24	31	1.21	41
2014/10/09	良	57	33	64	10	22	0.9	41
2014/10/10	良	76	45	91	15	20	0.93	41
2014/10/11	优	29	12	22	9	13	0.68	53
2014/10/12	优	41	28	39	13	25	1.05	41
2014/10/13	良	71	50	80	17	35	1.42	43
2014/10/14	轻度污染	107	79	134	25	44	1.88	42
2014/10/15	良	92	59	127	22	40	1.17	28
2014/10/16	良	81	55	98	17	36	1.44	22
2014/10/17	轻度污染	134	100	136	20	53	1.75	28
2014/10/18	轻度污染	124	93	132	24	46	1.44	37
2014/10/19	良	76	47	98	24	41	1.14	42
2014/10/20	良	74	49	97	19	38	1.16	33
2014/10/21	良	64	40	73	16	48	1.25	41
2014/10/22	良	89	59	120	23	48	1.48	38
2014/10/23	良	98	71	132	30	52	1.72	31
2014/10/24	良	98	70	126	33	60	1.91	34
2014/10/25	良	81	55	105	30	48	1.69	27
2014/10/26	良	86	63	103	26	46	1.62	36

（续表）

日期（年/月/日）	质量等级	AQI 指数	PM2.5	PM10	SO_2	NO_2	CO	O_3
2014/10/27	良	68	46	78	17	35	1.25	34
2014/10/28	优	41	21	45	11	34	1.06	35
2014/10/29	良	70	46	85	18	36	1.49	37
2014/10/30	优	43	25	41	13	32	0.96	35
2014/10/31	优	39	22	37	11	31	0.87	41
2014/11/01	优	46	26	46	11	34	0.72	52
2014/11/02	良	86	58	115	22	66	1.64	30
2014/11/03	轻度污染	129	96	166	33	95	2.33	41
2014/11/04	轻度污染	106	79	129	31	83	2.5	13
2014/11/05	轻度污染	111	83	135	36	83	2.75	21
2014/11/06	轻度污染	122	91	150	32	76	2.76	7
2014/11/07	轻度污染	101	75	122	33	67	2.09	21
2014/11/08	轻度污染	104	77	119	27	68	2.26	10
2014/11/09	良	65	44	70	20	45	1.32	16
2014/11/10	良	79	41	106	16	28	0.8	43
2014/11/11	良	81	44	110	15	42	1.17	35
2014/11/12	良	67	31	82	20	32	0.97	36
2014/11/13	轻度污染	118	84	159	34	65	2.33	18
2014/11/14	良	98	71	140	30	42	1.92	18
2014/11/15	良	81	40	109	20	25	1.12	35
2014/11/16	轻度污染	108	73	161	29	46	2.14	20
2014/11/17	轻度污染	119	87	170	36	53	2.59	18
2014/11/18	轻度污染	122	91	167	39	48	2.82	18
2014/11/19	轻度污染	117	86	156	37	60	2	21
2014/11/20	轻度污染	111	75	155	29	54	1.79	18
2014/11/21	轻度污染	106	79	132	39	66	2.08	17
2014/11/22	良	97	72	115	37	45	1.79	28
2014/11/23	良	78	54	99	30	48	1.55	32
2014/11/24	良	97	72	100	21	46	1.65	22
2014/11/25	中度污染	168	127	172	29	68	3.08	10
2014/11/26	良	94	65	110	22	34	1.95	29
2014/11/27	优	43	23	41	11	28	0.85	40
2014/11/28	轻度污染	101	75	118	18	57	2.14	16
2014/11/29	良	83	59	91	19	40	1.9	29

（续表）

日期（年/月/日）	质量等级	AQI 指数	PM2.5	PM10	SO_2	NO_2	CO	O_3
2014/11/30	良	56	21	60	12	25	0.84	52
2014/12/01	轻度污染	113	79	156	34	66	2.73	19
2014/12/02	轻度污染	111	82	164	29	57	2.83	12
2014/12/03	良	70	30	88	24	34	1.15	46
2014/12/04	轻度污染	105	69	143	42	63	2.63	32
2014/12/05	中度污染	158	120	204	47	78	4.25	27
2014/12/06	良	92	63	104	23	43	1.79	27
2014/12/07	轻度污染	113	71	165	38	58	2.53	15
2014/12/08	轻度污染	123	92	145	31	63	2.91	15
2014/12/09	良	67	33	82	15	25	0.95	32
2014/12/10	轻度污染	106	54	159	24	44	1.41	22
2014/12/11	良	95	36	139	14	23	0.79	51
2014/12/12	良	95	54	136	20	49	1.65	19
2014/12/13	轻度污染	125	91	181	36	68	2.49	12
2014/12/14	轻度污染	138	84	197	38	56	2.06	25
2014/12/15	轻度污染	104	40	143	16	27	0.72	53
2014/12/16	良	97	65	120	38	68	2.14	14
2014/12/17	轻度污染	149	113	159	53	69	3.41	16
2014/12/18	中度污染	185	139	212	63	82	3.15	28
2014/12/19	轻度污染	112	84	134	41	54	2.11	20
2014/12/20	良	77	49	95	34	35	1.39	31
2014/12/21	良	66	42	75	33	40	1.63	27
2014/12/22	轻度污染	138	103	155	52	59	3.05	16
2014/12/23	轻度污染	148	112	163	61	60	2.87	18
2014/12/24	轻度污染	106	79	118	43	52	2.13	22
2014/12/25	轻度污染	118	88	136	48	60	2.42	20
2014/12/26	中度污染	153	115	165	47	56	2.51	18
2014/12/27	中度污染	175	133	189	47	62	2.83	17
2014/12/28	重度污染	203	156	222	51	71	3.29	20
2014/12/29	轻度污染	149	112	173	50	66	3	23
2014/12/30	轻度污染	111	81	136	53	50	2.38	23
2014/12/31	良	69	34	85	35	37	1.7	16
2015/01/01	轻度污染	134	100	164	69	57	2.91	20
2015/01/02	中度污染	154	117	179	67	59	3.21	21

（续表）

日期（年/月/日）	质量等级	AQI 指数	PM2.5	PM10	SO_2	NO_2	CO	O_3
2015/01/03	中度污染	187	142	212	71	74	3.69	18
2015/01/04	良	92	56	111	30	37	1.45	37
2015/01/05	优	48	17	52	25	31	1.17	39
2015/01/06	良	59	34	66	33	41	1.81	23
2015/01/07	良	67	46	79	28	40	1.8	19
2015/01/08	良	91	64	115	44	55	2.67	18
2015/01/09	轻度污染	117	88	138	50	69	3.41	17
2015/01/10	轻度污染	109	81	133	57	69	3.62	20
2015/01/11	轻度污染	118	87	149	68	73	4.21	19
2015/01/12	轻度污染	127	95	161	63	80	4.03	20
2015/01/13	良	94	69	108	34	46	2.64	25
2015/01/14	良	96	70	111	31	50	2.23	23
2015/01/15	良	64	31	75	22	33	1.37	49
2015/01/16	良	99	68	132	47	73	3.09	28
2015/01/17	良	88	57	114	29	48	2.21	41
2015/01/18	良	80	50	101	33	62	2.85	37
2015/01/19	良	91	63	118	43	67	3.48	32
2015/01/20	良	91	64	120	44	57	2.76	38
2015/01/21	良	90	53	124	75	86	3.61	35
2015/01/22	轻度污染	110	79	146	60	84	3.69	26
2015/01/23	轻度污染	118	88	152	53	75	3.1	29
2015/01/24	良	87	45	120	28	39	1.89	50
2015/01/25	轻度污染	101	73	137	46	63	2.97	32
2015/01/26	良	78	33	103	23	25	1.56	58
2015/01/27	良	62	31	72	27	33	1.78	46
2015/01/28	良	70	38	87	22	26	1.55	43
2015/01/29	良	78	32	104	20	28	1.8	49
2015/01/30	良	67	38	77	18	37	1.99	36
2015/01/31	良	83	61	73	23	36	2.41	42
2015/02/01	良	90	66	81	19	39	2.51	40
2015/02/02	良	81	59	75	24	39	2.29	47
2015/02/03	良	91	67	98	30	41	2.39	45
2015/02/04	良	60	42	52	16	20	1.66	70
2015/02/05	良	80	58	76	22	43	2.21	44

（续表）

日期（年/月/日）	质量等级	AQI 指数	PM2. 5	PM10	SO_2	NO_2	CO	O_3
2015/02/06	良	90	65	96	28	36	2. 1	45
2015/02/07	良	72	42	91	19	37	1. 87	53
2015/02/08	良	86	55	116	24	52	2. 22	48
2015/02/09	良	95	68	131	35	63	2. 64	42
2015/02/10	良	95	68	120	35	56	2. 49	42
2015/02/11	良	84	54	111	43	69	2. 66	39
2015/02/12	良	86	58	114	54	75	3. 14	38
2015/02/13	良	80	53	103	46	64	2. 99	36
2015/02/14	中度污染	197	80	274	32	42	2. 51	46
2015/02/15	良	77	29	103	15	24	1. 42	63
2015/02/16	良	78	45	103	34	49	2. 29	51
2015/02/17	良	76	48	100	38	46	2. 58	53
2015/02/18	良	92	65	120	39	39	2. 31	59
2015/02/19	轻度污染	124	93	138	30	30	2	57
2015/02/20	良	77	35	102	15	15	1. 08	73
2015/02/21	良	68	27	84	13	16	1. 15	62
2015/02/22	良	67	30	81	19	26	1. 44	63
2015/02/23	良	75	37	98	16	22	1. 39	66
2015/02/24	良	52	29	57	10	28	1. 58	40
2015/02/25	轻度污染	130	57	208	9	26	1. 43	47
2015/02/26	良	74	38	97	12	31	1. 45	51
2015/02/27	轻度污染	106	43	160	16	17	1. 14	63
2015/02/28	优	45	18	45	15	20	1. 17	58
2015/03/01	良	71	46	83	30	37	2. 2	65
2015/03/02	轻度污染	143	61	242	23	31	1. 59	48
2015/03/03	重度污染	226	76	360	11	24	1. 34	58
2015/03/04	轻度污染	113	52	175	17	26	1. 49	43
2015/03/05	良	93	59	123	25	34	1. 84	36
2015/03/06	良	85	57	112	22	40	1. 91	39
2015/03/07	良	74	42	96	20	31	1. 55	50
2015/03/08	良	88	35	123	12	20	1. 05	87
2015/03/09	轻度污染	119	47	186	16	17	0. 95	64
2015/03/10	良	92	42	132	25	26	1. 18	48
2015/03/11	良	99	52	146	29	47	1. 55	49

（续表）

日期（年/月/日）	质量等级	AQI 指数	PM2.5	PM10	SO_2	NO_2	CO	O_3
2015/03/12	轻度污染	125	71	199	35	61	1.56	72
2015/03/13	轻度污染	107	42	162	16	35	0.87	56
2015/03/14	轻度污染	140	54	227	13	40	0.95	52
2015/03/15	轻度污染	150	67	249	26	63	1.59	36
2015/03/16	轻度污染	126	59	199	19	48	1.18	39
2015/03/17	轻度污染	139	73	226	31	63	1.9	29
2015/03/18	轻度污染	101	46	150	25	39	1.6	49
2015/03/19	良	67	32	81	10	25	0.92	68
2015/03/20	良	82	35	112	18	36	0.9	56
2015/03/21	轻度污染	112	60	171	22	56	1.34	49
2015/03/22	轻度污染	108	64	163	24	64	1.54	26
2015/03/23	良	74	47	93	10	37	1.04	58
2015/03/24	良	58	34	65	7	38	0.81	64
2015/03/25	良	73	37	95	13	53	1.17	48
2015/03/26	良	78	40	105	13	56	1.06	52
2015/03/27	轻度污染	102	47	150	13	54	0.94	47
2015/03/28	轻度污染	115	51	179	15	64	0.93	31
2015/03/29	良	88	55	119	14	66	1.1	44
2015/03/30	良	77	38	102	13	44	0.91	61
2015/03/31	良	98	48	143	13	52	0.91	54
2015/04/01	轻度污染	101	62	146	14	39	0.83	42
2015/04/02	重度污染	208	90	319	20	54	1	45
2015/04/03	轻度污染	113	53	172	5	29	0.78	46
2015/04/04	轻度污染	115	55	178	16	39	0.88	32
2015/04/05	良	66	22	81	19	30	0.68	73
2015/04/06	优	46	25	46	8	31	0.77	63
2015/04/07	优	49	23	50	8	34	1.01	63
2015/04/08	良	51	26	53	8	30	0.96	59
2015/04/09	良	55	30	60	9	29	0.8	67
2015/04/10	良	79	43	106	19	46	1.1	53
2015/04/11	良	93	33	133	8	33	0.64	71
2015/04/12	轻度污染	121	40	175	14	30	0.5	65
2015/04/13	良	96	35	140	32	60	1.04	40
2015/04/14	轻度污染	106	42	159	25	56	1.06	42

（续表）

日期（年/月/日）	质量等级	AQI 指数	PM2.5	PM10	SO_2	NO_2	CO	O_3
2015/04/15	轻度污染	149	66	245	34	57	1.16	66
2015/04/16	重度污染	225	90	348	21	41	0.85	74
2015/04/17	中度污染	163	72	257	23	43	1.14	66
2015/04/18	良	98	40	129	6	20	0.64	75
2015/04/19	良	62	22	65	10	30	0.7	98
2015/04/20	良	55	26	60	8	36	0.71	67
2015/04/21	良	56	30	63	9	43	0.89	60
2015/04/22	良	95	49	126	27	62	0.97	59
2015/04/23	良	69	31	87	20	53	0.97	53
2015/04/24	良	98	52	140	35	61	1.1	53
2015/04/25	良	69	40	85	17	48	0.86	65
2015/04/26	良	72	37	88	18	54	0.88	54
2015/04/27	良	95	53	120	26	63	1.08	70
2015/04/28	良	84	50	111	25	51	1.02	60
2015/04/29	良	75	42	93	17	48	0.91	70
2015/04/30	良	100	57	133	9	35	0.69	51
2015/05/01	良	64	38	68	7	36	0.83	66
2015/05/02	良	67	34	83	16	39	0.78	61
2015/05/03	良	51	22	40	6	21	0.52	89
2015/05/04	良	67	30	76	10	39	0.78	75
2015/05/05	良	67	35	84	16	49	0.93	50
2015/05/06	轻度污染	118	60	170	11	45	0.92	59
2015/05/07	良	100	56	147	19	43	0.82	52
2015/05/08	良	84	43	113	19	38	0.8	75
2015/05/09	良	68	36	87	19	49	1.11	53
2015/05/10	轻度污染	132	60	185	5	26	0.91	57
2015/05/11	良	78	37	105	11	41	0.75	53
2015/05/12	轻度污染	102	44	152	21	72	1.2	43
2015/05/13	轻度污染	101	49	150	18	58	1.01	61
2015/05/14	轻度污染	108	50	164	11	56	0.86	47
2015/05/15	轻度污染	108	54	165	19	51	0.84	53
2015/05/16	良	92	47	132	16	51	0.68	56
2015/05/17	轻度污染	102	51	134	14	52	0.9	63
2015/05/18	严重污染	353	142	466	19	50	0.79	55

（续表）

日期（年/月/日）	质量等级	AQI 指数	PM2.5	PM10	SO_2	NO_2	CO	O_3
2015/05/19	轻度污染	120	64	189	14	43	0.69	57
2015/05/20	优	50	25	53	7	32	0.55	59
2015/05/21	良	51	32	52	7	32	0.74	77
2015/05/22	良	76	47	98	10	48	0.76	55
2015/05/23	良	62	31	71	13	41	0.78	66
2015/05/24	良	74	33	96	17	48	0.92	53
2015/05/25	良	65	23	77	7	32	0.71	51
2015/05/26	良	75	33	98	13	47	1.11	51
2015/05/27	中度污染	194	88	277	11	53	0.88	34
2015/05/28	优	47	22	48	6	27	0.74	43
2015/05/29	良	62	27	72	7	42	0.78	46
2015/05/30	良	65	30	77	13	53	0.71	50
2015/05/31	良	84	34	116	17	57	0.76	40
2015/06/01	中度污染	176	79	247	5	41	0.55	48
2015/06/02	轻度污染	114	47	177	11	45	0.66	42
2015/06/03	良	70	26	89	7	37	0.53	47
2015/06/04	良	54	17	52	7	29	0.46	80
2015/06/05	良	93	39	127	22	57	0.79	73
2015/06/06	良	80	32	107	15	41	0.67	65
2015/06/07	良	80	35	109	13	36	0.52	60
2015/06/08	良	83	37	111	17	54	0.97	62
2015/06/09	轻度污染	107	55	162	36	61	1	59
2015/06/10	轻度污染	128	66	203	6	26	0.49	73
2015/06/11	良	100	41	144	16	44	0.76	70
2015/06/12	良	71	27	89	15	48	0.81	60
2015/06/13	良	72	30	93	21	49	1.06	58
2015/06/14	良	70	25	87	7	36	0.71	76
2015/06/15	良	68	28	85	7	36	0.7	74
2015/06/16	良	73	31	93	9	45	0.69	62
2015/06/17	良	81	38	110	14	57	0.87	50
2015/06/18	良	78	33	99	8	51	0.8	70
2015/06/19	良	64	32	75	10	22	0.59	94
2015/06/20	良	60	38	66	4	30	0.64	73
2015/06/21	良	77	45	95	13	51	0.95	68

（续表）

日期（年/月/日）	质量等级	AQI 指数	PM2.5	PM10	SO_2	NO_2	CO	O_3
2015/06/22	良	72	37	88	9	52	0.92	37
2015/06/23	良	60	36	63	6	37	0.8	68
2015/06/24	良	65	37	76	7	44	0.95	45
2015/06/25	良	76	48	87	7	47	1	64
2015/06/26	良	67	29	81	9	41	0.83	54
2015/06/27	优	49	17	51	5	22	0.72	44
2015/06/28	良	74	37	98	6	32	0.86	34
2015/06/29	轻度污染	134	76	216	8	60	0.99	33
2015/06/30	良	98	53	144	5	42	0.77	47
2015/07/01	良	78	44	104	8	45	0.76	36
2015/07/02	良	66	45	71	5	37	0.92	27
2015/07/03	良	86	63	88	8	48	1.02	31
2015/07/04	轻度污染	117	88	122	10	61	1.34	21
2015/07/05	良	71	47	67	8	43	0.85	38
2015/07/06	良	81	48	109	18	61	1.19	43
2015/07/07	良	78	38	103	11	46	0.88	40
2015/07/08	良	62	39	69	7	30	0.67	36
2015/07/09	良	52	33	45	7	32	0.73	56
2015/07/10	良	73	38	93	13	47	1.08	39
2015/07/11	良	66	36	80	5	29	0.98	44
2015/07/12	良	80	53	105	5	29	0.87	44
2015/07/13	良	76	41	99	11	37	1	59
2015/07/14	良	66	40	79	7	44	1.11	46
2015/07/15	良	72	38	93	9	48	1.24	46
2015/07/16	良	73	39	95	10	41	0.97	46
2015/07/17	良	73	46	92	12	51	1.3	51
2015/07/18	良	76	37	93	13	54	1.25	69
2015/07/19	良	99	40	129	21	58	1.31	70
2015/07/20	良	80	30	87	15	38	1.06	91
2015/07/21	良	65	32	78	13	43	1.05	74
2015/07/22	良	67	37	82	17	45	1.33	68
2015/07/23	良	58	25	53	7	38	0.98	80
2015/07/24	良	82	42	107	18	60	1.61	57
2015/07/25	良	94	45	126	16	62	1.58	62

（续表）

日期（年/月/日）	质量等级	AQI 指数	PM2.5	PM10	SO_2	NO_2	CO	O_3
2015/07/26	良	80	43	104	16	51	1.42	60
2015/07/27	良	74	43	94	14	47	1.27	63
2015/07/28	良	67	42	81	9	39	1.25	60
2015/07/29	良	72	47	91	14	42	1.14	48
2015/07/30	良	73	51	89	14	44	1.06	55
2015/07/31	良	70	48	83	8	35	0.88	59
2015/08/01	良	75	51	96	15	45	1.1	49
2015/08/02	良	67	35	82	10	33	0.82	65
2015/08/03	良	60	41	60	6	28	0.73	52
2015/08/04	良	58	36	61	7	38	0.81	51
2015/08/05	良	74	35	81	23	47	1.14	68
2015/08/06	良	69	31	77	17	47	0.96	72
2015/08/07	良	63	25	74	8	35	0.68	65
2015/08/08	优	45	24	43	8	27	0.71	66
2015/08/09	优	38	19	36	6	29	0.74	55
2015/08/10	良	56	26	56	14	41	0.88	72
2015/08/11	良	66	27	75	11	46	0.96	51
2015/08/12	良	63	29	74	16	34	0.96	67
2015/08/13	良	94	46	136	8	20	0.56	69
2015/08/14	良	63	29	69	9	46	0.96	62
2015/08/15	良	77	33	102	14	53	1.07	52
2015/08/16	中度污染	175	62	237	9	35	0.77	47
2015/08/17	轻度污染	114	56	177	12	30	0.86	60
2015/08/18	良	70	43	89	8	33	0.82	44
2015/08/19	良	67	36	83	16	49	1.12	44
2015/08/20	良	75	36	100	14	50	1.18	47
2015/08/21	良	61	24	68	11	40	0.95	62
2015/08/22	良	85	37	117	17	49	1.18	54
2015/08/23	良	62	30	72	15	43	1.15	56
2015/08/24	良	72	32	90	17	48	1.26	59
2015/08/25	良	79	34	107	14	58	1.2	48
2015/08/26	良	72	32	91	10	42	1.03	54
2015/08/27	良	60	28	68	6	36	0.94	56
2015/08/28	良	67	33	82	10	44	1.1	54

（续表）

日期（年/月/日）	质量等级	AQI 指数	PM2. 5	PM10	SO_2	NO_2	CO	O_3
2015/08/29	良	78	38	102	14	59	1. 08	53
2015/08/30	良	77	37	102	11	51	1. 07	59
2015/08/31	良	61	28	69	14	25	0. 81	65
2015/09/01	良	58	28	64	10	30	1. 17	68
2015/09/02	良	51	29	54	5	29	0. 86	55
2015/09/03	优	50	33	45	5	37	0. 95	31
2015/09/04	优	45	26	43	9	37	0. 99	48
2015/09/05	良	73	33	94	13	49	1. 15	44
2015/09/06	良	71	32	91	18	47	1. 06	49
2015/09/07	良	58	27	65	9	30	0. 76	56
2015/09/08	优	43	29	36	9	23	0. 88	51
2015/09/09	优	31	20	24	7	27	0. 87	52
2015/09/10	优	33	18	31	9	30	0. 76	42
2015/09/11	良	54	26	59	10	52	0. 89	27
2015/09/12	良	57	28	65	12	45	1. 5	38
2015/09/13	良	64	27	70	15	49	0. 95	66
2015/09/14	良	76	38	99	17	59	1. 08	45
2015/09/15	良	60	26	67	10	33	0. 91	39
2015/09/16	良	60	35	71	10	31	0. 82	36
2015/09/17	良	75	39	99	18	48	1. 11	26
2015/09/18	良	76	40	100	12	48	1. 28	33
2015/09/19	良	77	41	101	11	45	1. 25	9
2015/09/20	良	55	25	59	8	23	0. 95	55
2015/09/21	良	93	42	117	22	27	1. 21	35
2015/09/22	良	54	28	61	11	29	0. 82	56
2015/09/23	良	90	53	115	13	62	1. 32	13
2015/09/24	良	77	53	79	11	44	1. 12	40
2015/09/25	轻度污染	107	49	163	13	53	0. 99	49
2015/09/26	良	96	57	140	18	72	1. 36	49
2015/09/27	良	59	33	67	12	37	0. 84	39
2015/09/28	良	52	30	59	10	36	0. 85	46
2015/09/29	良	65	46	71	12	51	1. 1	39
2015/09/30	良	84	40	114	20	36	0. 91	27
2015/10/01	轻度污染	111	40	170	16	51	1	34

（续表）

日期（年/月/日）	质量等级	AQI 指数	PM2.5	PM10	SO_2	NO_2	CO	O_3
2015/10/02	良	84	39	115	18	50	0.97	44
2015/10/03	良	97	39	142	17	58	0.94	38
2015/10/04	良	87	43	122	17	61	1.08	49
2015/10/05	良	81	35	110	16	42	1.06	45
2015/10/06	良	65	29	80	15	41	1.1	34
2015/10/07	良	96	47	140	19	38	0.94	42
2015/10/08	良	70	27	87	11	28	0.78	54
2015/10/09	良	77	36	102	16	53	1.11	45
2015/10/10	良	79	34	106	18	60	0.93	39
2015/10/11	良	77	33	103	17	62	1.01	34
2015/10/12	良	83	42	115	20	64	1.12	46
2015/10/13	良	68	41	83	13	54	0.99	53
2015/10/14	良	81	42	110	22	73	1.29	43
2015/10/15	良	99	60	145	24	76	1.62	39
2015/10/16	良	80	48	108	14	21	1.03	46
2015/10/17	良	63	23	75	10	21	0.74	48
2015/10/18	良	82	45	108	14	39	1.32	58
2015/10/19	轻度污染	105	61	157	21	52	1.78	30
2015/10/20	良	100	58	146	21	44	1.46	32
2015/10/21	良	58	24	64	11	11	0.57	44
2015/10/22	优	46	24	48	8	28	0.95	32
2015/10/23	良	67	45	79	11	42	1.1	30
2015/10/24	良	54	35	57	8	30	1.06	34
2015/10/25	优	50	29	51	8	27	0.95	33
2015/10/26	优	45	20	47	9	23	0.73	46
2015/10/27	良	74	49	88	16	46	1.07	32
2015/10/28	良	93	68	115	23	50	1.35	22
2015/10/29	良	58	25	64	25	42	0.82	38
2015/10/30	良	61	31	70	23	30	0.79	41
2015/10/31	良	56	40	57	18	45	1.18	42
2015/11/01	良	97	71	131	34	88	2.14	32
2015/11/02	良	79	51	102	22	50	1.61	27
2015/11/03	良	63	37	74	16	30	1.39	44
2015/11/04	良	74	24	95	22	28	0.95	39

（续表）

日期（年/月/日）	质量等级	AQI 指数	PM2.5	PM10	SO_2	NO_2	CO	O_3
2015/11/05	良	74	35	96	20	37	1.18	21
2015/11/06	优	49	32	48	23	22	0.9	33
2015/11/07	良	69	38	87	11	28	1.09	36
2015/11/08	良	95	64	132	19	52	1.89	23
2015/11/09	轻度污染	112	83	143	22	77	2.22	32
2015/11/10	良	93	68	116	23	63	1.86	26
2015/11/11	良	79	56	92	21	59	1.59	19
2015/11/12	良	68	47	78	17	58	1.8	25
2015/11/13	良	92	61	128	29	78	2.3	24
2015/11/14	良	73	39	95	24	39	1.57	23
2015/11/15	良	99	44	146	29	48	1.34	43
2015/11/16	良	98	41	144	25	48	1.44	29
2015/11/17	良	77	40	101	23	40	1.1	31
2015/11/18	良	93	69	110	19	45	1.38	25
2015/11/19	良	87	63	114	35	44	1.42	18
2015/11/20	轻度污染	107	76	145	31	77	2.23	20
2015/11/21	轻度污染	112	84	142	33	80	2.23	27
2015/11/22	良	90	65	113	25	51	1.58	32
2015/11/23	良	65	28	79	29	32	0.85	31
2015/11/24	优	45	23	45	20	29	0.77	35
2015/11/25	良	68	40	84	25	53	1.59	17
2015/11/26	轻度污染	120	85	169	30	87	2.3	24
2015/11/27	轻度污染	141	106	192	30	90	2.42	23
2015/11/28	轻度污染	121	89	175	35	90	2.39	22
2015/11/29	轻度污染	142	107	200	36	98	2.72	24
2015/11/30	中度污染	161	122	224	40	114	3.01	31
2015/12/01	轻度污染	109	64	158	24	62	1.82	32
2015/12/02	良	88	32	123	21	46	1.19	34
2015/12/03	良	76	35	100	29	61	1.43	21
2015/12/04	良	97	56	141	37	70	2.12	17
2015/12/05	轻度污染	127	93	190	42	69	3.01	13
2015/12/06	轻度污染	139	106	186	39	79	2.75	29
2015/12/07	轻度污染	133	98	195	42	90	2.98	16
2015/12/08	轻度污染	116	87	164	40	80	2.69	17

（续表）

日期（年/月/日）	质量等级	AQI 指数	PM2.5	PM10	SO_2	NO_2	CO	O_3
2015/12/09	轻度污染	111	83	145	36	81	2.43	20
2015/12/10	轻度污染	104	77	136	33	85	2.22	28
2015/12/11	轻度污染	126	95	160	32	100	2.77	25
2015/12/12	良	58	40	58	13	28	1.08	34
2015/12/13	优	36	24	34	16	28	0.85	48
2015/12/14	良	62	43	71	21	51	1.3	32
2015/12/15	良	63	40	73	27	37	1.34	29
2015/12/16	良	69	42	81	24	45	1.48	25
2015/12/17	良	98	72	121	29	48	1.77	21
2015/12/18	轻度污染	101	72	122	31	75	1.95	25
2015/12/19	轻度污染	103	77	126	31	75	2.12	24
2015/12/20	轻度污染	128	97	149	30	87	2.22	23
2015/12/21	轻度污染	133	100	157	30	91	2.44	26
2015/12/22	轻度污染	118	89	132	27	81	1.97	27
2015/12/23	轻度污染	115	85	130	36	74	2.05	21
2015/12/24	良	95	70	113	33	66	2.04	24
2015/12/25	轻度污染	121	90	149	40	77	2.69	24
2015/12/26	轻度污染	139	105	171	47	93	3.26	15
2015/12/27	良	73	48	90	45	25	2.78	19
2015/12/28	良	89	60	117	50	40	2.86	20
2015/12/29	轻度污染	111	82	134	52	51	3.07	26
2015/12/30	轻度污染	149	112	173	51	59	3.11	26
2015/12/31	中度污染	153	116	174	49	68	3.29	23
2016/01/01	中度污染	156	118	178	54	91	3.64	29
2016/01/02	良	100	74	118	47	83	3.34	29
2016/01/03	良	96	69	125	50	75	2.99	24
2016/01/04	良	100	73	134	43	69	2.51	29
2016/01/05	良	68	38	83	32	59	1.58	30
2016/01/06	良	80	55	103	33	57	1.86	26
2016/01/07	良	79	54	98	38	62	1.96	31
2016/01/08	轻度污染	109	81	132	43	76	2.44	30
2016/01/09	轻度污染	128	97	146	34	76	2.55	28
2016/01/10	轻度污染	105	76	118	35	56	1.87	32
2016/01/11	良	70	45	82	21	35	1.24	41

（续表）

日期（年/月/日）	质量等级	AQI 指数	PM2. 5	PM10	SO_2	NO_2	CO	O_3
2016/01/12	良	66	39	79	24	35	1. 13	36
2016/01/13	良	85	59	105	31	55	1. 53	34
2016/01/14	良	89	60	110	31	72	1. 77	29
2016/01/15	轻度污染	138	103	166	38	102	2. 67	31
2016/01/16	轻度污染	122	88	151	40	79	2. 23	35
2016/01/17	轻度污染	125	50	197	23	60	1. 46	34
2016/01/18	良	76	41	99	29	56	1. 42	37
2016/01/19	良	94	54	135	34	52	1. 65	33
2016/01/20	良	63	29	73	25	50	1. 29	32
2016/01/21	良	80	40	107	31	43	1. 51	35
2016/01/22	优	39	12	38	14	15	0. 68	57
2016/01/23	良	56	20	61	16	31	0. 9	47
2016/01/24	优	49	23	53	24	42	1. 11	43
2016/01/25	良	85	60	102	34	62	1. 92	32
2016/01/26	良	91	66	113	39	58	2. 12	31
2016/01/27	轻度污染	109	82	127	39	46	2. 3	33
2016/01/28	轻度污染	101	75	116	37	55	2. 1	36
2016/01/29	轻度污染	127	96	139	40	62	2. 39	42
2016/01/30	轻度污染	116	86	129	45	38	1. 68	38
2016/01/31	良	65	35	78	28	25	1. 01	51
2016/02/01	良	73	48	86	34	37	1. 37	45
2016/02/02	轻度污染	101	75	124	34	56	1. 97	34
2016/02/03	良	100	74	116	34	49	1. 7	39
2016/02/04	良	88	59	114	25	42	1. 33	52
2016/02/05	良	75	38	98	18	33	1. 05	43
2016/02/06	良	70	45	87	23	52	1. 44	36
2016/02/07	轻度污染	105	75	128	38	70	2. 11	43
2016/02/08	轻度污染	137	104	153	45	67	2. 25	45
2016/02/09	轻度污染	104	77	122	37	67	2. 3	43
2016/02/10	轻度污染	113	84	127	37	72	2. 48	48
2016/02/11	轻度污染	113	78	137	29	50	2	52
2016/02/12	良	85	28	117	11	12	0. 58	65
2016/02/13	良	52	15	54	14	16	0. 62	61
2016/02/14	良	57	31	61	20	31	0. 96	46

（续表）

日期（年/月/日）	质量等级	AQI 指数	PM2.5	PM10	SO_2	NO_2	CO	O_3
2016/02/15	良	64	41	70	20	38	1.08	52
2016/02/16	良	79	56	89	23	49	1.3	50
2016/02/17	良	93	68	109	27	59	1.61	46
2016/02/18	中度污染	164	73	358	26	44	1.17	44
2016/02/19	严重污染	322	81	479	11	23	0.64	67
2016/02/20	严重污染	382	88	541	16	42	1.01	52
2016/02/21	中度污染	157	62	259	25	48	1.21	38
2016/02/22	轻度污染	128	59	205	22	38	1.1	47
2016/02/23	轻度污染	117	57	182	16	38	0.91	59
2016/02/24	良	83	45	113	15	39	1.02	62
2016/02/25	良	71	40	89	16	42	1.04	55
2016/02/26	良	74	46	90	20	60	1.49	49
2016/02/27	良	79	47	103	20	48	1.32	51
2016/02/28	重度污染	201	77	270	14	41	0.99	40
2016/02/29	良	72	35	92	23	61	1.53	51
2016/03/01	良	67	32	82	19	38	1.21	59
2016/03/02	良	61	26	71	15	46	1.42	51
2016/03/03	良	66	33	72	27	58	1.63	64
2016/03/04	中度污染	177	54	250	11	32	0.93	57
2016/03/05	轻度污染	129	41	206	13	38	0.97	55
2016/03/06	轻度污染	150	61	248	21	49	1.3	54
2016/03/07	中度污染	159	66	266	19	46	1.21	64
2016/03/08	轻度污染	140	53	215	20	41	1.2	63
2016/03/09	中度污染	170	58	251	17	16	0.82	64
2016/03/10	良	71	42	90	12	30	1.07	59
2016/03/11	良	88	53	124	16	43	1.3	62
2016/03/12	轻度污染	148	82	243	12	32	1.03	55
2016/03/13	良	81	41	109	11	39	1.05	61
2016/03/14	良	86	49	121	15	46	1.17	60
2016/03/15	良	83	42	114	14	50	1	67
2016/03/16	良	72	42	92	13	37	1.02	66
2016/03/17	轻度污染	103	47	154	10	46	0.96	60
2016/03/18	轻度污染	131	68	210	19	71	1.49	62
2016/03/19	轻度污染	103	54	154	10	41	1.05	75

（续表）

日期（年/月/日）	质量等级	AQI 指数	PM2.5	PM10	SO_2	NO_2	CO	O_3
2016/03/20	轻度污染	112	67	171	12	46	1.32	66
2016/03/21	优	48	30	48	9	33	1.41	64
2016/03/22	良	89	57	125	10	39	1.17	64
2016/03/23	良	67	41	82	7	28	0.91	72
2016/03/24	良	53	26	54	6	36	0.86	67
2016/03/25	良	60	33	69	9	44	0.93	56
2016/03/26	良	68	25	84	8	49	0.91	64
2016/03/27	良	74	32	96	10	58	1.05	60
2016/03/28	良	90	36	129	10	50	0.99	65
2016/03/29	良	85	35	118	10	51	0.98	61
2016/03/30	良	84	39	116	11	62	1.12	64
2016/03/31	良	98	44	140	14	74	1.32	71
2016/04/01	轻度污染	142	59	232	8	32	0.75	78
2016/04/02	良	83	27	114	15	25	0.76	71
2016/04/03	轻度污染	103	34	153	15	36	1	76
2016/04/04	良	88	38	125	13	40	1.07	75
2016/04/05	良	67	36	82	10	38	0.98	79
2016/04/06	良	65	33	79	5	35	0.92	65
2016/04/07	良	77	32	102	8	37	0.95	80
2016/04/08	良	72	24	92	7	37	1.01	67
2016/04/09	良	57	25	61	7	42	1.02	69
2016/04/10	良	86	40	117	14	62	0.96	73
2016/04/11	良	88	41	125	13	48	0.91	77
2016/04/12	良	88	34	124	9	32	0.67	74
2016/04/13	良	85	37	118	7	40	0.83	65
2016/04/14	良	72	30	89	9	45	0.79	77
2016/04/15	良	68	25	86	4	20	0.58	85
2016/04/16	优	48	22	48	3	21	0.58	84
2016/04/17	良	55	19	51	3	30	0.6	94
2016/04/18	良	90	40	118	12	66	1.12	83
2016/04/19	良	77	31	102	7	39	0.76	73
2016/04/20	良	88	34	125	10	46	0.84	72
2016/04/21	良	78	31	102	12	48	0.89	83
2016/04/22	良	83	33	114	9	50	0.85	67

（续表）

日期（年/月/日）	质量等级	AQI 指数	PM2.5	PM10	SO_2	NO_2	CO	O_3
2016/04/23	良	51	26	47	4	35	0.76	81
2016/04/24	良	90	38	89	7	52	0.97	96
2016/04/25	良	79	34	106	5	33	0.87	84
2016/04/26	良	64	30	71	4	30	0.63	95
2016/04/27	良	85	41	87	9	54	0.9	98
2016/04/28	良	100	49	132	15	63	0.94	94
2016/04/29	轻度污染	101	49	137	15	56	0.97	88
2016/04/30	良	84	44	115	9	43	0.8	91
2016/05/01	重度污染	201	74	274	11	33	0.67	82
2016/05/02	良	77	24	50	4	24	0.57	130
2016/05/03	良	99	50	131	11	61	0.96	97
2016/05/04	轻度污染	123	66	190	16	49	0.95	103
2016/05/05	良	100	52	147	9	23	0.6	95
2016/05/06	良	98	47	144	13	17	0.66	75
2016/05/07	良	84	49	109	8	37	0.77	70
2016/05/08	轻度污染	112	64	172	16	47	0.87	69
2016/05/09	良	74	35	90	8	26	0.66	94
2016/05/10	良	95	48	117	12	59	0.98	92
2016/05/11	中度污染	179	99	385	18	53	1.03	87
2016/05/12	良	96	32	105	6	18	0.5	140
2016/05/13	良	92	33	132	10	36	0.72	95
2016/05/14	良	63	32	71	4	27	0.63	88
2016/05/15	轻度污染	109	60	161	11	53	0.69	77
2016/05/16	良	72	39	81	11	59	0.89	77
2016/05/17	良	65	44	78	6	27	0.74	87
2016/05/18	良	70	41	73	9	47	0.85	84
2016/05/19	良	66	28	62	9	31	0.73	105
2016/05/20	轻度污染	125	75	184	11	14	0.56	82
2016/05/21	优	39	24	37	5	20	0.66	62
2016/05/22	优	32	19	26	7	18	0.59	62
2016/05/23	优	40	21	33	5	29	0.73	89
2016/05/24	良	73	39	92	14	30	0.79	82
2016/05/25	优	45	21	43	4	18	0.51	78
2016/05/26	优	49	24	44	4	28	0.6	82

（续表）

日期 （年/月/日）	质量等级	AQI 指数	PM2.5	PM10	SO_2	NO_2	CO	O_3
2016/05/27	良	64	31	72	7	35	0.73	101
2016/05/28	良	86	52	118	15	60	1.12	68
2016/05/29	良	82	43	96	12	50	0.96	94
2016/05/30	良	69	32	76	7	35	0.82	92
2016/05/31	良	68	39	82	8	33	0.81	82
2016/06/01	良	74	49	93	9	48	0.89	62
2016/06/02	良	70	42	86	10	44	0.78	68
2016/06/03	良	84	39	100	13	52	0.78	87
2016/06/04	良	52	22	52	7	32	0.62	66
2016/06/05	良	79	31	84	11	50	0.83	85
2016/06/06	良	74	35	95	13	55	0.84	67
2016/06/07	良	63	28	55	8	32	0.78	89
2016/06/08	优	50	19	40	5	24	0.7	86
2016/06/09	良	53	25	57	9	38	0.71	62
2016/06/10	良	63	29	70	9	42	0.84	72
2016/06/11	良	88	48	125	12	43	0.8	57
2016/06/12	良	66	31	69	7	48	0.81	75
2016/06/13	良	75	30	93	8	50	0.82	71
2016/06/14	轻度污染	109	49	166	7	24	0.56	49
2016/06/15	良	55	27	61	10	21	0.62	50
2016/06/16	良	70	30	83	10	47	0.97	81
2016/06/17	良	79	35	105	14	55	0.95	66
2016/06/18	良	96	53	138	21	77	1.31	59
2016/06/19	良	80	40	99	12	48	0.97	79
2016/06/20	良	59	33	72	7	39	0.81	56
2016/06/21	良	76	43	85	8	41	0.95	82
2016/06/22	良	80	50	104	21	58	1.08	79
2016/06/23	良	53	32	53	8	25	0.79	74
2016/06/24	良	77	46	94	7	58	1.06	55
2016/06/25	良	71	30	67	6	40	0.84	86
2016/06/26	良	68	36	81	4	28	0.8	88
2016/06/27	轻度污染	112	59	168	9	42	0.9	81
2016/06/28	良	80	35	101	8	71	1.07	59
2016/06/29	良	100	44	125	17	58	1.11	94

（续表）

日期（年/月/日）	质量等级	AQI 指数	PM2.5	PM10	SO_2	NO_2	CO	O_3
2016/06/30	良	69	27	80	8	44	0.9	73
2016/07/01	良	78	33	100	11	46	0.9	83
2016/07/02	良	91	37	99	12	53	0.84	105
2016/07/03	良	82	26	90	10	41	0.87	112
2016/07/04	良	80	33	96	8	36	0.94	99
2016/07/05	良	65	31	79	4	19	0.75	80
2016/07/06	良	55	24	60	4	21	0.76	68
2016/07/07	良	52	20	55	4	21	0.81	63
2016/07/08	良	51	20	55	5	23	0.7	56
2016/07/09	良	71	36	92	4	26	0.93	45
2016/07/10	良	56	35	61	5	19	0.77	44
2016/07/11	优	33	20	30	4	21	0.75	57
2016/07/12	良	63	31	56	5	34	0.94	81
2016/07/13	良	57	24	60	4	38	0.84	63
2016/07/14	良	61	30	68	5	42	0.92	64
2016/07/15	良	80	28	83	9	45	1.01	87
2016/07/16	良	64	24	76	8	39	0.84	72
2016/07/17	良	83	34	111	11	51	0.98	74
2016/07/18	优	46	22	39	4	24	0.86	82
2016/07/19	良	72	33	71	7	42	1	88
2016/07/20	良	75	32	81	7	44	1	89
2016/07/21	良	94	48	136	9	46	0.97	73
2016/07/22	良	89	51	112	5	33	0.97	93
2016/07/23	良	67	23	64	5	33	0.94	91
2016/07/24	良	51	18	36	4	14	0.76	98
2016/07/25	良	63	31	73	6	39	0.91	60
2016/07/26	良	69	30	75	5	38	0.96	90
2016/07/27	良	83	32	94	9	43	0.93	93
2016/07/28	良	83	28	82	10	49	1.02	96
2016/07/29	良	77	31	91	9	42	1.19	91
2016/07/30	良	61	26	61	4	22	0.89	85
2016/07/31	良	60	20	54	5	17	0.87	89
2016/08/01	良	58	19	56	4	18	0.86	89
2016/08/02	良	57	19	61	4	21	0.93	78

（续表）

日期（年/月/日）	质量等级	AQI 指数	PM2.5	PM10	SO_2	NO_2	CO	O_3
2016/08/03	良	60	23	64	3	20	0.77	83
2016/08/04	良	63	28	68	5	21	0.67	88
2016/08/05	良	72	27	82	6	32	0.76	90
2016/08/06	良	80	37	101	10	43	0.94	95
2016/08/07	良	100	39	112	11	51	0.98	103
2016/08/08	良	77	25	75	4	26	0.99	115
2016/08/09	良	67	26	71	4	19	0.97	102
2016/08/10	良	100	39	147	5	19	0.85	89
2016/08/11	良	63	23	66	6	23	1.01	87
2016/08/12	良	73	32	91	6	23	0.93	84
2016/08/13	良	68	27	78	7	22	0.97	86
2016/08/14	良	63	32	74	6	18	0.85	83
2016/08/15	良	52	33	56	3	35	0.88	77
2016/08/16	良	79	46	98	4	52	1.22	82
2016/08/17	良	67	32	76	4	31	1.18	82
2016/08/18	优	47	22	49	9	15	0.81	72
2016/08/19	优	43	17	38	8	17	0.86	80
2016/08/20	良	52	24	55	10	21	0.92	74
2016/08/21	良	77	46	96	9	29	1.11	89
2016/08/22	良	64	41	76	5	20	1.15	83
2016/08/23	优	34	18	32	4	21	0.76	55
2016/08/24	优	42	23	42	4	25	0.95	49
2016/08/25	优	40	16	30	3	14	0.98	78
2016/08/26	良	53	22	53	8	31	0.91	67
2016/08/27	良	65	29	78	6	44	1.04	57
2016/08/28	良	76	31	87	6	46	0.99	83
2016/08/29	良	55	30	59	4	30	0.96	67
2016/08/30	良	67	32	77	5	50	0.98	72
2016/08/31	良	85	43	119	9	64	1.17	54
2016/09/01	良	83	42	106	9	58	1.16	72
2016/09/02	良	84	38	115	12	56	1.06	53
2016/09/03	良	74	40	96	6	49	0.94	66
2016/09/04	良	87	45	120	8	56	1.07	67
2016/09/05	良	78	37	104	11	52	0.93	60

（续表）

日期（年/月/日）	质量等级	AQI 指数	PM2.5	PM10	SO_2	NO_2	CO	O_3
2016/09/06	良	54	23	44	5	35	0.83	88
2016/09/07	良	78	38	103	10	67	1.15	67
2016/09/08	良	80	39	105	10	56	1.09	70
2016/09/09	良	57	24	52	5	34	0.82	92
2016/09/10	良	73	37	94	8	52	1.02	56
2016/09/11	良	73	36	91	12	46	0.96	71
2016/09/12	良	52	26	47	4	36	0.82	79
2016/09/13	良	67	34	79	6	49	1.04	65
2016/09/14	良	70	43	87	6	45	1.06	63
2016/09/15	良	66	39	77	6	48	1.11	70
2016/09/16	良	70	37	84	6	41	0.97	76
2016/09/17	良	56	29	59	6	25	0.88	85
2016/09/18	良	55	34	58	4	35	0.87	61
2016/09/19	良	74	44	95	7	49	1.01	56
2016/09/20	良	73	37	91	8	54	1.04	68
2016/09/21	良	77	36	102	8	60	1.18	56
2016/09/22	良	87	40	122	9	59	1.3	45
2016/09/23	良	82	45	113	11	63	1.29	49
2016/09/24	良	80	41	108	12	58	1.25	51
2016/09/25	良	67	29	80	7	50	1.19	61
2016/09/26	良	80	35	107	8	36	1.06	64
2016/09/27	良	67	32	86	5	22	0.79	63
2016/09/28	良	67	39	83	7	42	1.16	57
2016/09/29	良	73	41	95	10	55	1.08	44
2016/09/30	良	79	42	106	14	65	1.31	59
2016/10/01	良	79	38	105	12	51	1.23	56
2016/10/02	良	90	36	127	14	66	1.27	58
2016/10/03	中度污染	155	68	257	18	43	1.18	70
2016/10/04	良	81	32	111	5	22	0.71	73
2016/10/05	良	79	35	106	10	41	0.92	51
2016/10/06	良	56	29	62	14	32	0.91	49
2016/10/07	良	64	25	75	17	26	0.52	65
2016/10/08	良	84	38	116	12	54	0.97	48
2016/10/09	良	60	37	67	7	38	0.95	66

（续表）

日期（年/月/日）	质量等级	AQI 指数	PM2.5	PM10	SO_2	NO_2	CO	O_3
2016/10/10	良	70	43	87	12	54	1.17	38
2016/10/11	良	95	66	126	13	69	1.3	26
2016/10/12	良	82	53	110	17	59	1.21	35
2016/10/13	良	81	46	109	14	53	1.14	49
2016/10/14	良	61	33	70	10	44	0.91	35
2016/10/15	良	79	51	106	13	56	1.3	46
2016/10/16	良	77	35	102	10	45	0.81	53
2016/10/17	良	86	49	119	14	61	1.52	43
2016/10/18	良	96	50	140	18	62	1.44	44
2016/10/19	良	84	45	115	15	49	1.18	32
2016/10/20	轻度污染	122	52	160	15	31	1.05	49
2016/10/21	轻度污染	114	49	173	13	19	0.56	77
2016/10/22	优	49	28	51	9	31	0.79	50
2016/10/23	良	82	56	100	13	51	1.14	22
2016/10/24	良	53	34	56	11	34	0.8	47
2016/10/25	良	66	38	81	15	46	1.01	36
2016/10/26	良	75	47	97	15	55	1.04	40
2016/10/27	良	51	30	58	11	20	0.52	63
2016/10/28	优	41	20	36	12	26	0.61	58
2016/10/29	良	60	39	71	10	41	0.97	42
2016/10/30	良	77	49	101	15	37	1.19	43
2016/10/31	良	98	51	141	18	62	1.38	35
2016/11/01	轻度污染	104	63	156	22	65	1.68	31
2016/11/02	轻度污染	114	76	174	28	85	2.02	35
2016/11/03	轻度污染	138	100	209	29	102	2.4	44
2016/11/04	轻度污染	142	105	212	27	97	2.4	34
2016/11/05	轻度污染	137	102	206	30	100	2.31	30
2016/11/06	轻度污染	102	51	151	22	47	0.96	57
2016/11/07	轻度污染	122	54	191	14	31	0.74	64
2016/11/08	轻度污染	122	68	192	25	65	1.35	34
2016/11/09	轻度污染	121	71	191	29	73	1.67	37
2016/11/10	严重污染	500	192	949	32	88	1.9	47
2016/11/11	严重污染	400	134	558	33	78	2.03	31
2016/11/12	中度污染	155	90	259	47	83	2.09	36

（续表）

日期（年/月/日）	质量等级	AQI 指数	PM2.5	PM10	SO_2	NO_2	CO	O_3
2016/11/13	中度污染	154	106	255	48	95	2.24	30
2016/11/14	轻度污染	118	66	184	39	80	1.77	39
2016/11/15	轻度污染	130	95	205	38	103	2.48	43
2016/11/16	轻度污染	144	107	222	40	98	2.6	42
2016/11/17	中度污染	157	118	239	50	114	2.9	33
2016/11/18	严重污染	255	126	417	32	87	2.25	53
2016/11/19	重度污染	204	79	330	22	57	1.22	44
2016/11/20	中度污染	158	89	263	42	90	2.24	32
2016/11/21	轻度污染	103	44	153	24	33	0.65	51
2016/11/22	良	70	32	88	18	29	0.77	46
2016/11/23	良	82	47	112	35	47	1.27	32
2016/11/24	良	96	62	139	51	53	1.42	33
2016/11/25	轻度污染	121	62	188	39	48	1.11	37
2016/11/26	中度污染	196	109	339	40	75	2.01	31
2016/11/27	中度污染	158	106	261	48	86	2.51	32
2016/11/28	轻度污染	117	76	181	40	55	1.72	40
2016/11/29	良	97	49	143	29	50	1.14	49
2016/11/30	轻度污染	121	79	189	39	84	2.22	37
2016/12/01	轻度污染	133	97	201	49	94	2.55	33
2016/12/02	轻度污染	145	109	198	34	101	2.55	29
2016/12/03	中度污染	156	118	216	48	100	2.79	31
2016/12/04	中度污染	174	132	237	47	120	3.19	37
2016/12/05	轻度污染	102	54	146	25	59	1.33	44
2016/12/06	轻度污染	113	70	173	40	88	2.43	32
2016/12/07	轻度污染	125	91	189	48	100	2.75	34
2016/12/08	轻度污染	147	110	213	48	118	2.92	28
2016/12/09	轻度污染	137	102	193	43	98	2.69	27
2016/12/10	轻度污染	141	103	191	43	109	2.63	40
2016/12/11	中度污染	172	131	214	29	110	2.81	37
2016/12/12	轻度污染	112	74	167	24	66	1.62	29
2016/12/13	轻度污染	122	83	182	29	75	2.08	29
2016/12/14	轻度污染	105	73	155	30	78	2.03	23
2016/12/15	良	100	69	146	33	77	2.03	25
2016/12/16	轻度污染	126	93	174	34	95	2.53	30

（续表）

日期（年/月/日）	质量等级	AQI 指数	PM2.5	PM10	SO_2	NO_2	CO	O_3
2016/12/17	轻度污染	149	112	195	43	99	2.71	26
2016/12/18	中度污染	172	130	214	49	111	3.18	34
2016/12/19	中度污染	166	125	207	45	99	2.93	29
2016/12/20	重度污染	229	110	284	37	73	2.31	39
2016/12/21	重度污染	221	67	341	23	52	1.27	39
2016/12/22	轻度污染	145	75	238	39	77	2.44	16
2016/12/23	轻度污染	138	97	221	48	108	2.78	31
2016/12/24	轻度污染	115	85	167	41	81	2.4	42
2016/12/25	良	94	45	132	22	37	1	49
2016/12/26	良	74	34	97	20	33	0.9	55
2016/12/27	轻度污染	101	68	139	34	81	2.09	44
2016/12/28	良	91	61	126	35	70	2.02	34
2016/12/29	良	82	50	111	47	74	1.94	24
2016/12/30	轻度污染	113	84	151	48	85	2.53	29
2016/12/31	轻度污染	122	92	160	54	91	2.82	24
2017/01/01	良	95	68	126	43	73	2.18	22
2017/01/02	轻度污染	128	95	157	45	86	2.62	30
2017/01/03	轻度污染	142	107	178	52	102	3.08	29
2017/01/04	中度污染	181	138	210	57	122	3.53	31
2017/01/05	中度污染	171	129	201	48	109	3.15	34
2017/01/06	良	84	51	116	33	53	1.26	45
2017/01/07	良	73	47	91	31	65	1.61	36
2017/01/08	良	68	44	84	31	52	1.32	42
2017/01/09	良	53	31	56	28	41	0.97	50
2017/01/10	优	47	25	47	20	28	0.75	65
2017/01/11	良	77	52	91	31	61	1.55	28
2017/01/12	轻度污染	115	86	142	36	78	2.14	32
2017/01/13	轻度污染	128	96	163	41	84	2.17	33
2017/01/14	轻度污染	117	87	149	46	74	1.89	43
2017/01/15	良	87	55	119	39	56	1.27	53
2017/01/16	良	79	39	107	34	50	0.98	50
2017/01/17	良	67	39	83	30	45	1	52
2017/01/18	良	86	59	113	36	55	1.3	50
2017/01/19	严重污染	261	74	395	23	40	0.89	65

（续表）

日期（年/月/日）	质量等级	AQI 指数	PM2.5	PM10	SO_2	NO_2	CO	O_3
2017/01/20	轻度污染	138	71	224	38	63	1.67	35
2017/01/21	良	99	60	145	43	70	1.97	38
2017/01/22	良	86	54	118	45	70	1.93	40
2017/01/23	轻度污染	107	78	147	47	83	2.51	37
2017/01/24	轻度污染	124	93	167	56	91	2.79	39
2017/01/25	中度污染	171	122	420	38	77	2.39	45
2017/01/26	严重污染	370	213	1398	15	28	0.68	58
2017/01/27	中度污染	162	63	273	27	49	1.4	44
2017/01/28	中度污染	155	56	253	28	30	0.9	56
2017/01/29	轻度污染	102	35	152	18	27	0.8	66
2017/01/30	良	93	37	133	28	31	1.04	56
2017/01/31	良	86	39	120	27	37	1.11	52
2017/02/01	良	81	46	109	32	46	1.44	43
2017/02/02	良	89	63	115	19	45	1.67	50
2017/02/03	良	91	66	121	27	51	1.66	46
2017/02/04	良	88	59	121	29	68	1.84	49
2017/02/05	轻度污染	113	83	150	36	85	2.31	51
2017/02/06	轻度污染	101	62	144	30	38	1.4	46
2017/02/07	良	86	30	121	14	19	0.6	76
2017/02/08	良	63	33	71	14	29	0.76	68
2017/02/09	良	84	61	100	15	46	1.23	55
2017/02/10	良	55	30	58	24	34	0.83	70
2017/02/11	良	89	59	104	27	64	1.64	55
2017/02/12	轻度污染	125	93	152	28	81	2.15	49
2017/02/13	轻度污染	109	81	139	32	71	1.91	65
2017/02/14	良	87	61	114	25	72	1.92	52
2017/02/15	轻度污染	108	68	148	27	68	2.06	61
2017/02/16	轻度污染	132	50	211	23	42	1.36	54
2017/02/17	轻度污染	115	50	179	22	49	1.35	53
2017/02/18	轻度污染	117	66	181	31	72	2.08	53
2017/02/19	轻度污染	119	76	186	34	75	2.24	53
2017/02/20	中度污染	152	62	252	21	41	1.4	65
2017/02/21	中度污染	170	70	276	22	25	0.73	63
2017/02/22	轻度污染	117	52	182	23	32	0.78	66

（续表）

日期（年/月/日）	质量等级	AQI 指数	PM2.5	PM10	SO_2	NO_2	CO	O_3
2017/02/23	良	89	52	124	17	49	1.21	62
2017/02/24	良	90	64	121	16	51	1.3	71
2017/02/25	良	63	37	74	19	43	1.01	75
2017/02/26	良	71	46	90	24	50	1.22	77
2017/02/27	良	80	53	105	25	53	1.33	78
2017/02/28	良	92	34	125	16	33	0.81	90
2017/03/01	中度污染	171	50	259	11	42	0.82	78
2017/03/02	良	99	42	146	22	54	1.22	67
2017/03/03	轻度污染	101	46	150	23	57	1.26	67
2017/03/04	良	79	44	104	20	52	1.12	62
2017/03/05	良	59	30	62	12	35	0.75	81
2017/03/06	良	68	39	83	16	49	1.11	69
2017/03/07	良	59	30	64	17	40	0.79	88
2017/03/08	良	71	43	90	21	58	1.16	72
2017/03/09	良	70	43	88	25	50	1.09	66
2017/03/10	良	66	44	77	14	40	1.08	58
2017/03/11	良	65	45	72	15	35	0.82	88
2017/03/12	良	63	43	64	12	33	0.83	76
2017/03/13	良	64	43	66	15	32	0.83	81
2017/03/14	良	68	48	67	11	44	1.04	73
2017/03/15	良	78	56	89	12	53	1.23	79
2017/03/16	轻度污染	107	79	131	15	59	1.41	85
2017/03/17	良	69	45	82	10	34	0.93	76
2017/03/18	良	84	59	107	14	55	1.46	60
2017/03/19	良	66	46	71	8	39	1.27	76
2017/03/20	良	84	48	113	14	51	1.3	65
2017/03/21	良	72	41	91	11	47	1.17	65
2017/03/22	良	73	46	91	12	50	1.28	50
2017/03/23	良	68	40	83	8	29	0.68	70
2017/03/24	良	90	45	129	11	33	0.71	64
2017/03/25	良	91	32	129	9	25	0.58	83
2017/03/26	轻度污染	107	43	162	13	54	0.96	67
2017/03/27	轻度污染	120	54	179	18	56	1.19	71
2017/03/28	中度污染	191	84	309	12	41	0.83	64

（续表）

日期（年/月/日）	质量等级	AQI 指数	PM2.5	PM10	SO_2	NO_2	CO	O_3
2017/03/29	轻度污染	125	58	198	16	45	0.96	64
2017/03/30	良	59	28	67	9	29	0.65	83
2017/03/31	良	62	28	67	15	33	0.7	83
2017/04/01	良	76	34	100	13	55	0.85	66
2017/04/02	良	79	40	106	11	50	0.9	62
2017/04/03	良	69	45	83	8	46	0.94	54
2017/04/04	良	87	60	103	10	47	1.07	70
2017/04/05	良	98	55	138	14	66	1.07	72
2017/04/06	良	97	48	141	8	38	0.79	76
2017/04/07	轻度污染	129	66	206	12	31	0.71	70
2017/04/08	优	50	32	50	6	23	0.62	56
2017/04/09	良	57	39	58	6	31	0.68	49
2017/04/10	良	56	39	54	7	30	0.58	61
2017/04/11	良	60	37	67	8	46	0.78	57
2017/04/12	良	82	42	112	10	45	0.89	60
2017/04/13	良	87	47	119	13	54	0.83	70
2017/04/14	轻度污染	107	49	162	14	51	0.84	72
2017/04/15	良	61	34	71	5	34	0.58	81
2017/04/16	良	82	45	111	9	40	0.62	57
2017/04/17	中度污染	178	115	509	11	45	0.75	69
2017/04/18	严重污染	458	156	679	7	40	0.65	71
2017/04/19	良	70	32	85	5	21	0.43	92
2017/04/20	良	93	44	134	8	37	0.61	66
2017/04/21	轻度污染	140	57	228	8	47	0.67	67
2017/04/22	轻度污染	106	42	154	11	51	0.75	77
2017/04/23	良	92	35	120	13	56	0.79	86
2017/04/23	良	92	35	120	13	56	0.79	86
2017/04/24	良	99	40	144	11	50	0.66	82
2017/04/25	良	65	30	67	6	19	0.49	106
2017/04/26	良	57	28	61	5	33	0.52	73
2017/04/27	良	73	36	87	7	46	0.65	75
2017/04/28	良	87	39	111	14	52	0.76	78
2017/04/29	良	91	41	110	16	54	0.79	88
2017/04/30	良	74	37	88	10	28	0.59	112

（续表）

日期（年/月/日）	质量等级	AQI 指数	PM2.5	PM10	SO_2	NO_2	CO	O_3
2017/05/01	良	94	41	119	14	52	0.8	95
2017/05/02	良	80	52	106	5	26	0.57	91
2017/05/03	中度污染	195	69	283	5	28	0.45	79
2017/05/04	严重污染	371	100	559	9	36	0.56	78
2017/05/05	严重污染	422	191	759	7	28	0.37	81
2017/05/06	中度污染	198	88	286	10	46	0.67	69
2017/05/07	良	82	47	109	5	32	0.57	82
2017/05/08	良	84	42	102	12	46	0.69	91
2017/05/09	轻度污染	105	47	157	10	43	0.63	83
2017/05/10	轻度污染	120	61	187	10	55	0.7	51
2017/05/11	良	70	30	81	9	39	0.59	82
2017/05/12	良	97	37	120	11	55	0.81	81
2017/05/13	轻度污染	106	47	159	19	61	0.82	72
2017/05/14	良	67	27	57	4	22	0.52	111
2017/05/15	良	61	27	63	9	36	0.58	79
2017/05/16	良	73	35	86	10	45	0.65	74
2017/05/17	良	79	39	101	12	50	0.73	79
2017/05/18	良	64	30	65	9	38	0.61	87
2017/05/19	良	90	38	108	11	52	0.7	94
2017/05/20	良	71	39	89	6	32	0.57	88
2017/05/20	良	71	39	89	6	32	0.57	88
2017/05/21	轻度污染	114	53	164	9	23	0.45	91
2017/05/22	轻度污染	109	68	162	4	21	0.5	80
2017/05/23	良	69	36	86	5	23	0.47	96
2017/05/24	良	69	37	85	11	31	0.56	97
2017/05/25	良	71	35	86	9	38	0.67	81
2017/05/26	良	83	37	95	7	48	0.63	90
2017/05/27	良	86	35	102	9	54	0.69	84
2017/05/28	良	86	33	92	9	46	0.65	104
2017/05/29	轻度污染	107	58	161	9	38	0.65	127
2017/05/30	轻度污染	131	62	207	13	52	0.77	106
2017/05/31	轻度污染	115	62	177	13	50	0.8	82
2017/06/01	良	83	43	102	6	36	0.61	110
2017/06/02	良	88	47	123	8	46	0.63	81

（续表）

日期（年/月/日）	质量等级	AQI 指数	PM2.5	PM10	SO_2	NO_2	CO	O_3
2017/06/03	良	66	46	72	8	36	0.72	88
2017/06/04	良	56	37	50	7	29	0.69	80
2017/06/05	良	58	29	51	5	39	0.71	76
2017/06/06	良	60	30	53	6	39	0.78	75
2017/06/07	良	67	32	70	10	36	0.73	86
2017/06/08	良	65	30	61	9	39	0.71	79
2017/06/09	良	56	26	45	5	30	0.63	89
2017/06/10	良	77	41	100	8	44	0.73	74
2017/06/11	良	84	36	106	7	43	0.69	76
2017/06/12	良	79	34	93	9	48	0.77	76
2017/06/13	良	61	29	67	5	37	0.66	80
2017/06/14	良	58	29	63	6	32	0.67	65
2017/06/15	良	61	34	69	11	30	0.81	84
2017/06/16	良	83	37	81	10	44	0.82	99
2017/06/17	良	85	39	94	10	50	0.73	91
2017/06/18	良	76	38	84	9	43	0.72	92
2017/06/19	良	85	41	115	10	53	0.77	74
2017/06/20	良	69	32	74	7	42	0.71	79
2017/06/21	良	58	26	56	5	35	0.69	82
2017/06/22	良	90	32	91	13	43	0.69	95
2017/06/23	良	89	35	125	8	25	0.46	86
2017/06/24	良	79	30	93	12	46	0.67	77
2017/06/25	良	89	32	101	11	49	0.67	93
2017/06/26	良	88	28	90	9	47	0.71	105
2017/06/27	良	75	31	83	7	39	0.74	105
2017/06/28	良	76	36	84	8	33	0.76	108
2017/06/29	良	78	33	80	6	44	0.76	96
2017/06/30	良	74	26	72	7	42	0.7	100
2017/07/01	良	74	24	63	6	38	0.67	108
2017/07/02	良	77	28	95	6	28	0.59	94
2017/07/03	良	56	19	43	8	25	0.61	100
2017/07/04	良	78	32	89	11	50	0.82	79
2017/07/05	优	48	23	49	6	35	0.66	65
2017/07/06	良	73	29	73	15	46	0.75	79

（续表）

日期（年/月/日）	质量等级	AQI 指数	PM2.5	PM10	SO_2	NO_2	CO	O_3
2017/07/07	良	81	30	83	14	56	0.77	81
2017/07/08	良	81	34	110	16	53	0.76	73
2017/07/09	良	64	21	67	8	30	0.62	99
2017/07/10	良	73	24	82	6	41	0.65	100
2017/07/11	良	94	28	93	8	47	0.73	112
2017/07/12	良	94	30	96	14	52	0.8	100
2017/07/13	良	73	35	82	5	36	0.72	111
2017/07/14	良	78	30	93	7	39	0.72	96
2017/07/15	良	75	24	76	6	38	0.68	101
2017/07/16	良	80	26	69	5	35	0.56	103
2017/07/17	良	70	25	56	5	28	0.61	113
2017/07/18	良	75	28	68	8	36	0.67	108
2017/07/19	良	79	29	83	8	41	0.74	98
2017/07/20	轻度污染	147	68	213	7	18	0.61	100
2017/07/21	良	65	24	68	6	26	0.58	95
2017/07/22	良	78	32	104	8	15	0.46	91
2017/07/23	良	54	19	57	12	17	0.53	78
2017/07/24	良	52	19	52	10	16	0.5	95
2017/07/25	良	64	31	60	5	27	0.61	87
2017/07/26	优	48	26	48	7	20	0.58	68
2017/07/27	优	41	11	23	4	20	0.49	82
2017/07/28	优	49	18	35	5	25	0.66	87
2017/07/29	良	69	26	66	9	40	0.73	77
2017/07/30	良	86	31	82	9	45	0.76	89
2017/07/31	良	80	23	83	5	34	0.61	100
2017/08/01	良	83	37	115	6	21	0.52	86
2017/08/02	良	84	34	78	8	40	0.75	92
2017/08/03	良	82	28	108	13	43	0.65	78
2017/08/04	良	68	24	60	4	26	0.6	110
2017/08/05	良	59	23	61	6	39	0.71	59
2017/08/06	良	52	21	54	5	36	0.75	50
2017/08/07	优	50	21	47	7	29	0.62	85
2017/08/08	良	61	25	67	7	42	0.62	62
2017/08/09	良	63	20	64	8	41	0.88	73

（续表）

日期（年/月/日）	质量等级	AQI 指数	PM2.5	PM10	SO_2	NO_2	CO	O_3
2017/08/10	良	81	28	93	17	47	1	82
2017/08/11	良	74	24	82	9	43	0.76	79
2017/08/12	良	57	20	59	11	30	0.65	80
2017/08/13	良	53	22	47	5	29	0.7	80
2017/08/14	良	73	26	83	9	46	0.68	74
2017/08/15	良	70	25	78	7	44	0.64	75
2017/08/16	良	70	25	85	8	44	0.6	68
2017/08/17	良	54	20	58	5	32	0.64	63
2017/08/18	良	57	22	62	7	35	0.72	59
2017/08/19	良	56	22	62	6	27	0.64	59
2017/08/20	优	42	17	33	3	21	0.43	74
2017/08/21	优	48	26	49	5	36	0.79	47
2017/08/22	优	42	15	25	4	23	0.58	82
2017/08/23	优	41	27	37	5	26	0.6	65
2017/08/24	良	60	37	66	9	45	0.81	31
2017/08/25	优	46	31	44	8	35	0.67	29
2017/08/26	优	39	22	36	5	29	0.62	60
2017/08/27	良	53	29	56	8	41	0.68	36
2017/08/28	优	47	28	46	6	38	0.55	47
2017/08/29	优	42	22	41	6	33	0.6	57
2017/08/30	良	65	34	77	7	44	0.8	47
2017/08/31	良	92	51	112	10	49	0.88	72
2017/09/01	良	58	26	65	7	36	0.56	65
2017/09/02	良	75	34	91	9	50	0.65	58
2017/09/03	良	76	30	92	9	46	0.61	66
2017/09/04	良	60	25	67	8	31	0.42	60
2017/09/05	良	58	26	66	6	38	0.44	55
2017/09/06	良	71	31	84	12	45	0.74	59
2017/09/07	良	80	37	109	14	54	0.79	61
2017/09/08	良	54	26	56	6	50	0.5	32
2017/09/09	良	60	26	68	5	30	0.3	58
2017/09/10	良	78	32	100	12	49	0.63	59
2017/09/11	良	93	40	122	20	59	0.9	73
2017/09/12	良	73	30	94	8	40	0.7	53

（续表）

日期（年/月/日）	质量等级	AQI 指数	PM2.5	PM10	SO_2	NO_2	CO	O_3
2017/09/13	良	68	32	84	6	34	0.59	52
2017/09/14	良	68	39	83	9	41	0.81	49
2017/09/15	良	71	40	86	8	41	0.62	58
2017/09/16	良	56	26	58	7	35	0.61	82
2017/09/17	良	79	39	92	13	43	0.78	72
2017/09/18	良	63	39	73	11	46	0.73	40
2017/09/19	良	56	37	60	6	45	0.65	49
2017/09/20	良	72	43	89	10	53	0.9	54
2017/09/21	良	71	38	88	10	50	0.79	53
2017/09/22	良	74	39	96	20	51	0.94	52
2017/09/23	良	63	31	74	9	42	0.73	36
2017/09/24	良	74	40	96	10	47	0.86	47
2017/09/25	良	93	50	134	12	43	0.84	58
2017/09/26	良	69	39	87	5	29	0.52	60
2017/09/27	良	70	36	82	9	39	0.63	70
2017/09/28	良	82	37	110	15	55	0.73	67
2017/09/29	良	76	33	100	15	51	0.71	49
2017/09/30	良	75	36	97	13	45	0.79	60
2017/10/01	轻度污染	107	53	157	12	47	0.7	83
2017/10/02	轻度污染	115	50	178	6	17	0.33	75
2017/10/03	良	56	32	61	5	31	0.57	65
2017/10/05	良	60	35	68	9	36	0.77	45
2017/10/06	良	52	29	55	8	29	0.75	30
2017/10/07	良	58	28	64	9	32	0.77	54
2017/10/08	良	59	29	68	5	16	0.47	73
2017/10/09	优	33	19	30	4	21	0.42	60
2017/10/10	良	56	39	54	9	35	0.74	45
2017/10/11	良	78	57	83	16	40	0.98	40
2017/10/12	良	72	46	91	12	50	0.96	37
2017/10/13	良	78	51	99	18	55	1.2	21
2017/10/14	良	72	51	83	12	51	1.08	37
2017/10/15	良	98	69	129	17	66	1.51	28
2017/10/16	良	62	38	72	8	42	0.95	30
2017/10/17	优	40	25	38	6	33	0.93	39

（续表）

日期（年/月/日）	质量等级	AQI 指数	PM2.5	PM10	SO_2	NO_2	CO	O_3
2017/10/18	良	59	38	69	10	46	0.98	48
2017/10/19	良	70	43	89	11	55	1.15	37
2017/10/20	良	72	44	92	12	46	1.06	33
2017/10/21	良	79	39	107	12	49	0.97	36
2017/10/22	良	90	48	129	20	61	1.67	31
2017/10/23	良	73	37	94	12	49	1.44	38
2017/10/24	良	60	34	66	11	44	1.14	18
2017/10/25	良	61	39	69	13	45	1.13	29
2017/10/26	良	82	50	111	16	66	1.47	40
2017/10/27	良	91	54	131	16	53	1.5	54
2017/10/28	良	69	26	86	12	33	0.62	59
2017/10/29	良	83	41	114	14	44	0.85	39
2017/10/30	良	91	52	129	19	60	1.73	26
2017/10/31	良	94	56	137	24	69	1.79	25
2017/11/01	轻度污染	103	65	151	29	80	2.1	35
2017/11/02	良	97	57	143	27	72	1.94	39
2017/11/03	轻度污染	122	59	192	30	70	2.03	35
2017/11/04	轻度污染	118	68	184	36	75	2.17	32
2017/11/05	轻度污染	106	73	158	27	78	2.14	39
2017/11/06	良	92	55	132	25	56	1.54	42
2017/11/07	良	86	50	119	25	67	1.37	43
2017/11/08	轻度污染	102	62	153	33	81	2.13	26
2017/11/09	轻度污染	109	45	165	16	40	0.81	46
2017/11/10	良	93	41	134	18	47	1.1	35
2017/11/11	良	98	61	143	26	58	1.84	35
2017/11/12	良	76	39	100	19	45	1.17	48
2017/11/13	良	75	38	97	22	52	1.21	46
2017/11/14	良	84	47	116	26	67	1.42	34
2017/11/15	良	100	61	147	32	74	2.04	24
2017/11/16	轻度污染	118	82	176	34	78	2.34	29
2017/11/17	良	88	59	121	30	52	1.37	29
2017/11/18	良	80	44	108	36	52	1.37	22
2017/11/19	良	75	37	98	39	38	0.99	37
2017/11/20	良	88	45	124	30	66	1.43	22

（续表）

日期（年/月/日）	质量等级	AQI 指数	PM2.5	PM10	SO_2	NO_2	CO	O_3
2017/11/21	良	75	39	97	33	48	1.3	38
2017/11/22	良	77	39	103	28	62	1.18	40
2017/11/23	良	90	49	128	39	77	1.59	32
2017/11/24	轻度污染	106	66	159	41	81	2.48	22
2017/11/25	轻度污染	109	70	164	53	80	2.72	24
2017/11/26	轻度污染	122	82	183	50	95	2.9	29
2017/11/27	轻度污染	113	81	168	45	81	2.45	25
2017/11/28	良	94	55	133	40	67	1.69	27
2017/11/29	良	95	52	138	44	69	1.8	27
2017/11/30	良	88	47	123	38	82	1.85	32
2017/12/01	轻度污染	113	75	167	51	95	2.48	27
2017/12/02	轻度污染	131	98	190	56	102	2.71	25
2017/12/03	轻度污染	108	79	152	48	82	2.13	33
2017/12/04	良	72	41	93	34	65	1.42	36
2017/12/05	良	76	40	101	32	71	1.79	27
2017/12/06	良	86	56	120	46	66	2.05	25
2017/12/07	良	72	41	92	41	56	1.5	30
2017/12/08	良	76	43	100	48	64	1.93	21
2017/12/09	良	96	57	139	54	68	2.11	28
2017/12/10	良	98	59	144	43	83	2.2	29
2017/12/11	轻度污染	116	82	175	55	91	2.9	26
2017/12/12	轻度污染	109	75	163	55	82	2.7	27
2017/12/13	轻度污染	121	88	175	67	81	2.48	31
2017/12/14	良	88	50	124	34	52	1.43	34
2017/12/15	良	68	34	85	29	38	0.92	50
2017/12/16	良	58	30	66	25	45	1.03	42
2017/12/17	良	93	64	131	49	75	2.42	24
2017/12/18	良	89	60	121	55	70	2.37	22
2017/12/19	轻度污染	104	73	142	61	84	2.84	31
2017/12/20	轻度污染	132	99	185	69	104	3.68	25
2017/12/21	中度污染	167	126	215	65	122	4.12	26
2017/12/22	轻度污染	148	112	197	73	112	3.53	23
2017/12/23	良	97	50	141	38	64	1.78	34
2017/12/24	轻度污染	115	63	178	51	85	2.56	25

（续表）

日期（年/月/日）	质量等级	AQI 指数	PM2.5	PM10	SO_2	NO_2	CO	O_3
2017/12/25	轻度污染	111	76	167	61	92	2.91	26
2017/12/26	轻度污染	121	88	177	75	112	3.65	23
2017/12/27	中度污染	152	115	208	62	124	3.93	29
2017/12/28	严重污染	273	142	657	46	77	2.51	32
2017/12/29	严重污染	481	119	720	13	43	0.96	44
2017/12/30	严重污染	319	104	435	22	65	1.93	23
2017/12/31	中度污染	187	102	319	45	79	2.61	26
2018/01/01	轻度污染	147	93	240	57	90	2.74	40
2018/01/02	良	89	37	125	20	35	0.78	51
2018/01/03	良	96	65	115	25	46	1.32	35
2018/01/04	轻度污染	125	94	130	20	60	2.01	23
2018/01/05	轻度污染	110	82	112	14	46	1.82	24
2018/01/06	良	91	67	95	16	28	1.22	52
2018/01/07	良	69	38	87	17	21	0.67	68
2018/01/08	良	83	50	114	28	59	1.66	40
2018/01/09	轻度污染	101	73	142	48	81	2.5	31
2018/01/10	轻度污染	110	79	151	52	94	2.83	30
2018/01/11	轻度污染	114	85	151	55	90	2.88	28
2018/01/12	轻度污染	130	98	172	60	93	3.4	24
2018/01/13	轻度污染	140	102	187	50	83	2.96	37
2018/01/14	轻度污染	117	82	173	50	74	2.49	30
2018/01/15	轻度污染	113	73	144	29	53	1.6	40
2018/01/16	轻度污染	109	67	165	53	84	2.63	36
2018/01/17	轻度污染	124	42	169	19	38	0.83	53
2018/01/18	良	99	60	146	50	75	2.1	22
2018/01/19	轻度污染	113	79	170	55	78	2.65	30
2018/01/20	良	91	61	128	50	72	1.95	28
2018/01/21	良	85	49	119	48	61	1.69	31
2018/01/22	良	94	53	135	44	62	1.85	39
2018/01/23	良	94	57	136	39	62	1.78	38
2018/01/24	良	92	62	128	32	56	1.56	29
2018/01/25	轻度污染	102	73	129	29	46	1.38	40
2018/01/26	轻度污染	123	92	135	35	59	2.13	37
2018/01/27	轻度污染	105	78	113	28	32	1.28	56

（续表）

日期（年/月/日）	质量等级	AQI 指数	PM2.5	PM10	SO_2	NO_2	CO	O_3
2018/01/28	良	72	38	92	19	24	0.73	56
2018/01/29	良	83	56	110	24	43	1.32	39
2018/01/30	良	75	41	98	28	25	0.72	56
2018/01/31	轻度污染	110	60	169	30	62	1.91	33
2018/02/01	良	91	53	131	32	50	1.6	45
2018/02/02	良	75	35	97	17	38	1.03	55
2018/02/03	良	83	53	115	27	50	1.62	42
2018/02/04	良	83	56	114	29	59	1.63	41
2018/02/05	轻度污染	105	77	140	39	70	2.19	40
2018/02/06	良	97	71	127	42	70	1.95	42
2018/02/07	良	93	61	134	44	72	1.87	34
2018/02/08	良	91	60	128	33	62	2.02	36
2018/02/09	严重污染	376	133	805	12	21	0.67	73
2018/02/10	良	81	32	111	11	26	0.72	68
2018/02/11	良	91	51	130	46	53	1.58	45
2018/02/12	良	85	53	119	45	67	1.99	40
2018/02/13	轻度污染	106	78	147	51	86	2.83	38
2018/02/14	良	95	62	127	36	66	1.94	40
2018/02/15	良	75	47	98	50	58	1.79	43
2018/02/16	良	100	71	139	63	65	2.1	50
2018/02/17	良	84	39	115	20	25	0.76	78
2018/02/18	良	64	32	75	23	22	0.8	68
2018/02/19	良	72	43	90	21	30	1.1	64
2018/02/20	良	63	35	75	21	18	0.67	79
2018/02/21	良	51	34	51	20	29	0.93	65
2018/02/22	良	68	47	78	31	60	1.55	52
2018/02/23	良	75	39	98	26	44	1.21	48
2018/02/24	轻度污染	128	50	203	27	49	1.3	50
2018/02/25	良	95	53	138	36	69	1.9	58
2018/02/26	良	85	53	118	44	64	1.64	46
2018/02/27	良	85	60	104	18	60	1.62	44
2018/02/28	良	75	49	93	32	55	1.7	60
2018/03/01	良	64	32	76	30	56	1.26	56
2018/03/02	良	89	57	119	44	78	2.13	46

（续表）

日期（年/月/日）	质量等级	AQI 指数	PM2.5	PM10	SO_2	NO_2	CO	O_3
2018/03/03	良	95	47	136	31	48	1.44	53
2018/03/04	良	66	34	80	12	33	0.78	70
2018/03/05	良	59	35	65	14	41	0.98	57
2018/03/06	良	68	47	80	19	51	1.28	50
2018/03/07	轻度污染	119	53	187	18	42	0.91	56
2018/03/08	良	90	42	128	22	61	1.29	50
2018/03/09	良	83	46	115	31	69	1.71	48
2018/03/10	良	82	47	108	26	71	1.49	61
2018/03/11	良	86	55	120	34	74	1.7	59
2018/03/12	良	93	57	132	29	78	1.63	63
2018/03/13	良	84	49	115	30	74	1.5	52
2018/03/14	良	86	44	109	36	76	1.49	63
2018/03/15	中度污染	190	58	286	19	50	0.97	59
2018/03/16	重度污染	223	66	347	22	51	1.11	80
2018/03/17	严重污染	323	89	434	16	25	0.66	85
2018/03/18	中度污染	180	72	307	16	30	0.66	74
2018/03/19	重度污染	203	73	328	18	47	1.17	57
2018/03/20	轻度污染	144	71	222	7	32	0.84	68
2018/03/21	轻度污染	147	61	237	13	46	0.89	67
2018/03/22	良	97	43	141	22	64	1.33	46
2018/03/23	良	76	34	101	17	53	0.92	59
2018/03/24	良	78	32	103	18	55	1.03	66
2018/03/25	良	89	44	123	22	59	1.13	75
2018/03/26	轻度污染	141	61	231	24	70	1.35	53
2018/03/27	轻度污染	123	58	195	28	70	1.52	60
2018/03/28	轻度污染	103	52	154	31	67	1.33	66
2018/03/29	轻度污染	118	44	183	16	55	1.09	68
2018/03/30	中度污染	157	68	248	7	25	0.54	73
2018/03/31	轻度污染	141	63	231	12	37	0.88	57
2018/04/01	轻度污染	123	56	194	16	58	1.19	61
2018/04/02	轻度污染	109	52	163	24	63	1.4	83
2018/04/03	重度污染	206	66	339	9	25	0.54	74
2018/04/04	严重污染	325	155	895	16	38	0.66	59
2018/04/05	重度污染	239	78	347	5	14	0.58	83

（续表）

日期（年/月/日）	质量等级	AQI 指数	PM2.5	PM10	SO_2	NO_2	CO	O_3
2018/04/05	重度污染	239	78	347	5	14	0.58	83
2018/04/06	轻度污染	145	50	230	7	23	0.6	79
2018/04/07	良	97	43	142	20	60	1.21	56
2018/04/08	轻度污染	103	48	149	25	69	1.42	59
2018/04/09	中度污染	170	74	282	23	53	1.2	66
2018/04/10	严重污染	333	135	534	11	45	0.82	52
2018/04/11	轻度污染	148	64	244	22	58	1.11	56
2018/04/12	轻度污染	118	64	182	10	54	0.89	44
2018/04/13	良	94	44	137	5	19	0.4	82
2018/04/14	良	93	47	133	7	42	0.74	77
2018/04/15	良	92	52	124	15	61	1	69
2018/04/16	良	97	48	120	16	69	1.19	73
2018/04/17	轻度污染	101	46	129	26	78	1.28	81
2018/04/18	良	99	47	142	24	63	1.08	85
2018/04/19	良	83	49	102	7	35	0.63	108
2018/04/20	轻度污染	105	64	148	5	37	0.7	102
2018/04/21	良	89	45	127	11	55	0.8	60
2018/04/22	良	78	36	104	15	44	0.79	69
2018/04/23	良	58	33	70	4	19	0.51	71
2018/04/24	优	41	23	35	5	27	0.52	74
2018/04/25	良	64	40	75	12	46	0.66	64
2018/04/26	良	74	35	96	12	39	0.63	76
2018/04/27	良	83	43	109	15	49	0.84	78
2018/04/28	良	85	40	104	11	56	0.8	77
2018/04/29	良	85	39	117	9	49	0.83	76
2018/04/30	良	57	28	54	4	23	0.45	96
2018/05/01	良	75	37	97	10	33	0.51	82
2018/05/02	良	94	39	136	12	45	0.69	86
2018/05/03	良	87	38	116	12	50	0.78	86
2018/05/04	轻度污染	114	51	166	5	28	0.64	91
2018/05/05	良	73	31	84	4	19	0.36	106
2018/05/06	良	59	27	59	5	37	0.64	84
2018/05/07	良	77	28	74	9	40	0.7	115
2018/05/08	良	60	26	65	4	33	0.55	78

（续表）

日期（年/月/日）	质量等级	AQI 指数	PM2. 5	PM10	SO_2	NO_2	CO	O_3
2018/05/09	良	87	41	120	4	23	0. 56	75
2018/05/10	优	44	25	44	4	27	0. 6	65
2018/05/11	良	76	35	80	10	43	0. 73	91
2018/05/12	良	94	43	132	16	54	0. 87	93
2018/05/13	轻度污染	122	55	182	21	65	1. 09	71
2018/05/14	良	93	42	113	14	50	0. 88	94
2018/05/15	良	91	44	129	10	37	0. 7	87
2018/05/16	中度污染	199	75	285	6	24	0. 43	79
2018/05/17	良	97	46	142	10	31	0. 52	73
2018/05/18	轻度污染	126	55	174	9	30	0. 58	97
2018/05/19	轻度污染	108	63	150	5	23	0. 51	97
2018/05/20	良	65	32	77	10	38	0. 6	71
2018/05/21	良	70	38	89	6	27	0. 46	86
2018/05/22	良	60	22	59	11	33	0. 58	92
2018/05/23	良	67	23	73	12	43	0. 65	84
2018/05/24	良	66	28	76	10	38	0. 65	76
2018/05/25	中度污染	173	58	252	13	28	0. 58	98
2018/05/26	轻度污染	143	68	233	6	27	0. 56	116
2018/05/27	轻度污染	124	57	195	15	54	0. 82	74
2018/05/28	良	100	41	136	22	58	0. 84	84
2018/05/29	良	79	30	100	16	52	0. 58	72
2018/05/30	良	86	31	95	20	51	0. 66	91
2018/05/31	良	67	25	82	8	35	0. 49	91
2018/06/01	良	73	31	79	8	34	0. 6	112
2018/06/02	良	92	35	130	14	37	0. 95	90
2018/06/03	良	71	34	82	5	20	0. 5	100
2018/06/04	良	63	26	69	13	47	0. 89	70
2018/06/05	良	97	34	95	21	61	1	99
2018/06/06	良	86	39	110	13	46	0. 74	66
2018/06/07	良	68	37	83	14	44	0. 64	67
2018/06/08	良	57	24	45	8	30	0. 59	87
2018/06/09	良	75	23	54	16	38	0. 77	104
2018/06/10	良	78	24	62	14	40	0. 65	109
2018/06/11	良	91	27	72	16	47	0. 78	112

（续表）

日期（年/月/日）	质量等级	AQI 指数	PM2.5	PM10	SO_2	NO_2	CO	O_3
2018/06/12	轻度污染	102	31	95	22	48	0.81	115
2018/06/13	良	78	27	82	10	41	0.64	105
2018/06/14	良	97	29	89	19	50	0.68	113
2018/06/15	良	61	27	60	6	25	0.61	99
2018/06/16	良	65	28	63	10	32	0.69	98
2018/06/17	良	82	38	104	24	62	1.11	75
2018/06/18	良	72	36	75	13	55	0.96	81
2018/06/19	良	71	35	77	14	51	0.98	82
2018/06/20	良	92	29	70	12	45	0.79	110
2018/06/21	良	65	27	59	9	36	0.77	101
2018/06/22	良	89	32	87	15	49	0.75	105
2018/06/23	良	75	26	71	9	35	0.52	111
2018/06/24	良	75	31	92	7	18	0.5	102
2018/06/25	良	55	30	60	10	41	0.86	83
2018/06/26	良	64	27	66	10	39	0.73	77
2018/06/27	优	50	18	45	8	28	0.58	73
2018/06/28	良	57	19	45	8	31	0.65	91
2018/06/29	良	64	22	62	11	34	0.63	88
2018/06/30	良	64	20	55	10	37	0.74	86
2018/07/01	优	45	21	41	6	26	0.58	69
2018/07/02	优	43	21	40	5	32	0.65	70
2018/07/03	良	53	30	54	13	44	0.88	52
2018/07/04	良	52	19	38	9	32	0.77	88
2018/07/05	良	61	24	60	11	44	0.9	65
2018/07/06	良	54	23	52	10	34	0.79	75
2018/07/07	良	55	28	58	11	40	0.87	64
2018/07/08	优	43	24	38	8	37	0.69	56
2018/07/09	良	75	28	45	8	33	0.71	102
2018/07/10	优	45	19	44	8	39	0.78	46
2018/07/11	良	73	29	68	9	40	0.76	90
2018/07/12	良	88	34	87	20	46	0.8	98
2018/07/13	良	87	26	82	15	43	0.79	91
2018/07/14	良	52	20	53	17	29	0.54	61
2018/07/15	中度污染	175	73	232	7	25	0.55	91

（续表）

日期（年/月/日）	质量等级	AQI 指数	PM2.5	PM10	SO_2	NO_2	CO	O_3
2018/07/16	良	93	37	96	8	48	0.81	97
2018/07/17	良	73	27	86	11	46	0.71	71
2018/07/18	优	44	19	43	6	22	0.56	62
2018/07/19	良	65	27	50	8	25	0.66	100
2018/07/20	优	48	24	40	5	26	0.52	74
2018/07/21	良	61	22	52	7	41	0.9	84
2018/07/22	良	79	28	69	11	45	0.84	85
2018/07/23	优	47	19	35	6	33	0.58	87
2018/07/24	良	85	32	68	7	50	0.88	98
2018/07/25	良	83	27	79	11	47	0.87	90
2018/07/26	良	63	30	69	6	31	0.67	76
2018/07/27	良	60	31	65	5	29	0.63	72
2018/07/28	优	48	20	45	4	22	0.58	71
2018/07/29	良	67	27	81	5	19	0.61	77
2018/07/30	良	54	20	53	4	23	0.6	77
2018/07/31	良	52	21	48	5	28	0.7	83
2018/08/01	良	51	18	49	4	29	0.61	66
2018/08/02	优	39	19	38	5	28	0.6	46
2018/08/03	优	31	15	30	4	24	0.64	37
2018/08/04	良	60	27	58	5	37	0.88	81
2018/08/05	良	90	31	80	9	41	0.83	116
2018/08/06	良	73	32	92	7	22	0.55	87
2018/08/07	优	42	20	38	9	23	0.62	76
2018/08/08	优	50	20	38	4	29	0.9	88
2018/08/09	良	69	23	54	7	33	0.78	94
2018/08/10	良	60	24	44	4	29	0.65	96
2018/08/11	良	74	29	68	10	38	0.89	93
2018/08/12	良	65	31	77	12	48	0.88	63
2018/08/13	良	62	30	51	5	32	0.72	97
2018/08/14	良	56	27	54	8	30	0.79	74
2018/08/15	良	54	28	59	4	25	0.64	72
2018/08/16	优	50	21	51	7	25	0.56	79
2018/08/17	良	58	22	58	11	32	0.69	86
2018/08/18	良	77	34	81	20	38	0.83	99

（续表）

日期（年/月/日）	质量等级	AQI 指数	PM2.5	PM10	SO_2	NO_2	CO	O_3
2018/08/19	良	91	39	86	14	42	1.01	104
2018/08/20	良	63	28	71	12	33	0.77	78
2018/08/21	优	45	20	29	5	22	0.68	93
2018/08/22	良	70	25	52	6	35	0.76	99
2018/08/23	良	87	28	66	10	41	0.71	105
2018/08/25	优	49	26	49	7	28	0.71	88
2018/08/27	良	52	31	52	4	28	0.8	78
2018/08/29	良	68	39	80	5	26	0.87	88
2018/08/31	良	53	35	53	6	30	0.98	54
2018/09/01	优	49	16	25	7	40	0.9	62
2018/09/02	优	41	18	40	8	28	0.64	63
2018/09/03	良	70	27	61	7	37	0.67	101
2018/09/04	优	46	20	46	8	42	0.66	39
2018/09/05	优	43	23	43	7	41	0.7	57
2018/09/06	良	54	21	57	10	34	0.49	48
2018/09/07	良	55	21	60	10	36	0.52	42
2018/09/08	良	58	19	64	11	39	0.82	48
2018/09/09	优	45	20	44	5	28	0.51	53
2018/09/10	良	56	27	59	8	40	0.84	50
2018/09/11	良	53	24	55	6	35	0.64	51
2018/09/12	良	65	23	55	15	38	0.59	78
2018/09/13	优	44	21	41	9	34	0.55	66
2018/09/14	良	56	24	62	8	32	0.53	48
2018/09/15	优	30	16	24	6	22	0.51	55
2018/09/16	优	40	22	36	6	28	0.56	51
2018/09/17	优	34	16	33	6	30	0.54	44
2018/09/18	优	32	18	31	6	31	0.77	39
2018/09/19	优	47	21	42	6	41	0.81	64
2018/09/20	良	62	27	65	15	46	0.92	58
2018/09/21	良	65	28	75	13	42	0.73	60
2018/09/22	良	78	28	82	13	48	0.79	71
2018/09/23	良	62	25	68	16	43	0.68	54
2018/09/24	优	43	17	41	5	28	0.62	45
2018/09/25	优	35	16	30	7	26	0.69	58

（续表）

日期（年/月/日）	质量等级	AQI 指数	PM2.5	PM10	SO_2	NO_2	CO	O_3
2018/09/26	优	38	17	36	7	33	0.69	53
2018/09/27	优	50	24	54	6	26	0.44	57
2018/09/28	良	65	28	77	9	43	0.82	40
2018/09/29	良	70	30	81	15	52	0.85	56
2018/09/30	良	63	27	77	20	45	0.84	42
2018/10/01	良	56	25	59	8	39	0.72	57
2018/10/02	良	60	26	66	16	46	0.72	58
2018/10/03	良	63	33	74	19	50	0.84	58
2018/10/04	良	61	30	68	15	49	0.71	55
2018/10/05	良	56	23	61	9	32	0.48	48
2018/10/06	良	58	20	64	11	22	0.43	66
2018/10/07	良	58	26	64	11	33	0.65	59
2018/10/08	优	45	24	45	9	32	0.49	63
2018/10/09	良	64	26	77	17	46	0.73	40
2018/10/10	良	67	29	82	20	54	0.91	46
2018/10/11	良	70	32	86	18	61	0.92	53
2018/10/12	良	64	35	77	11	47	0.8	44
2018/10/13	良	59	35	66	10	47	0.77	23
2018/10/14	良	58	36	64	13	44	0.86	44
2018/10/15	良	64	38	74	19	52	0.97	49
2018/10/16	良	59	32	68	13	45	0.85	42
2018/10/17	优	45	24	45	7	38	0.79	32
2018/10/18	优	46	25	46	7	34	0.72	32
2018/10/19	优	28	17	24	4	25	0.59	45
2018/10/20	优	45	28	45	8	37	0.86	24
2018/10/21	良	67	36	88	7	32	0.79	32
2018/10/22	轻度污染	117	55	182	10	33	0.46	49
2018/10/23	轻度污染	104	54	157	14	56	0.97	34
2018/10/24	良	80	44	107	11	44	0.85	31
2018/10/25	良	69	25	86	11	37	0.52	5
2018/10/26	良	87	44	123	17	69	1	88
2018/10/27	良	94	49	120	22	75	1.2	93
2018/10/28	良	95	44	103	25	72	1.2	154
2018/10/29	良	95	48	121	28	76	1.2	77

（续表）

日期（年/月/日）	质量等级	AQI 指数	PM2.5	PM10	SO_2	NO_2	CO	O_3
2018/10/30	良	99	47	122	30	79	1.2	94
2018/10/31	轻度污染	105	50	128	31	90	1.5	84
2018/11/01	轻度污染	108	59	136	30	95	1.9	60
2018/11/02	良	78	51	105	22	55	1.2	69
2018/11/03	良	56	25	61	17	23	0.5	70
2018/11/04	优	39	27	38	9	31	0.6	50
2018/11/05	良	53	30	42	8	42	0.9	46
2018/11/06	良	57	39	53	10	45	0.9	40
2018/11/07	良	58	38	56	9	46	1	59
2018/11/08	良	92	56	104	20	73	1.9	75
2018/11/09	良	87	56	113	28	69	1.7	79
2018/11/10	良	62	31	74	12	40	0.9	77
2018/11/11	轻度污染	104	76	148	28	88	2	64
2018/11/12	轻度污染	117	88	164	27	93	2.5	55
2018/11/13	轻度污染	127	96	175	23	112	2.2	76
2018/11/14	良	82	36	113	10	36	0.6	59
2018/11/15	优	46	23	46	26	31	0.5	59
2018/11/16	良	52	28	54	19	41	0.6	48
2018/11/17	良	73	50	79	24	58	1.2	38
2018/11/18	良	82	57	98	29	65	1.7	41
2018/11/19	良	100	72	130	40	80	2	31
2018/11/20	良	67	45	83	29	49	1	74
2018/11/21	良	79	39	88	23	63	1.2	57
2018/11/22	轻度污染	109	82	159	49	96	2.3	44
2018/11/23	轻度污染	108	75	149	40	95	2.7	38
2018/11/24	轻度污染	105	75	143	52	90	2.3	36
2018/11/25	轻度污染	133	101	199	44	108	2.9	37
2018/11/26	严重污染	500	158	1033	15	44	0.5	43
2018/11/27	严重污染	500	137	739	33	73	1.9	33
2018/11/28	严重污染	435	136	535	43	102	2.7	40
2018/11/29	中度污染	171	103	292	47	107	2.8	30
2018/11/30	轻度污染	110	67	169	36	81	2.2	41
2018/12/01	轻度污染	111	77	161	47	102	2.7	43
2018/12/02	严重污染	355	93	464	19	40	0.7	57

（续表）

日期（年/月/日）	质量等级	AQI 指数	PM2.5	PM10	SO_2	NO_2	CO	O_3
2018/12/03	中度污染	179	74	308	18	36	0.9	62
2018/12/04	轻度污染	119	55	187	19	48	1	49
2018/12/05	轻度污染	108	51	166	22	43	1	62
2018/12/06	良	74	31	97	14	26	0.6	56
2018/12/07	良	61	33	72	24	39	0.7	32
2018/12/08	良	60	32	69	38	38	0.9	28
2018/12/09	良	79	58	102	21	46	1.4	27
2018/12/10	良	74	52	97	23	37	1	55
2018/12/11	良	100	53	149	22	59	1.4	52
2018/12/12	轻度污染	113	85	176	38	83	2.4	28
2018/12/13	轻度污染	122	92	174	50	81	2.3	27
2018/12/14	轻度污染	103	77	140	36	57	1.7	37
2018/12/15	良	95	71	129	35	71	2	19
2018/12/16	轻度污染	117	88	155	46	85	2.7	26
2018/12/17	轻度污染	129	98	177	57	107	3.4	23
2018/12/18	轻度污染	133	101	175	58	104	3.7	24
2018/12/19	轻度污染	124	94	165	64	108	3.7	27
2018/12/20	良	94	67	130	34	75	2	44
2018/12/21	良	80	38	82	41	64	1.4	47
2018/12/22	良	55	26	59	20	30	0.5	59
2018/12/23	良	62	39	74	21	48	1	45
2018/12/24	良	92	68	119	40	73	2	27
2018/12/25	良	90	49	90	28	72	1.7	28
2018/12/26	轻度污染	101	72	127	42	82	2.5	44
2018/12/27	良	85	46	120	27	38	0.9	42
2018/12/28	良	67	31	84	27	32	0.9	38
2018/12/29	良	79	58	103	34	60	1.7	35
2018/12/30	轻度污染	117	88	127	31	66	2.3	30
2018/12/31	轻度污染	107	80	116	37	64	1.7	41

参考文献

范竹华，法永乐，李梅，2005. 生态演替理论探析 [J]. 农业与技术，25 (1)：99-101.

高玉葆，石福臣，2008. 植物生物学与生态学实验 [M]. 北京：科学出版社.

黄蓉，杨永花，张建旗，2016. 兰州市荒山植物群落结构及优势种调查 [J]. 干旱区资源与环境，30 (6)：130-135.

姜会飞，2014. 农业气象观测与数据分析 [M]. 第二版. 北京：科学出版社.

林鹏，1996. 植物群落学 [M]. 上海：上海科学技术出版社.

马良杰，陈本建，2011. 兰州南北两山草本植物种质资源调查与区系分析 [J]. 青海草业，20 (2)：45-56.

宁海龙，2017. 田间试验和统计方法 [M]. 第二版. 北京：科学出版社.

曲仲湘，吴玉树，王焕校，等，1984. 植物生态学 [M]. 第二版. 北京：高等教育出版社.

王春燕，燕霞，顾梦鹤，2018. 黄土高原弃耕地植被演替及其对土壤养分动态的影响 [J]. 草业学报，27 (11)：26-35.

魏瑛，代立兰，2010. 兰州的植被与环境 [J]. 中国林业 (1)：55.

钟芳，赵瑾，孙荣高，2010. 兰州南北两山五类乔灌木林草地土壤养分与土壤微生物空间分布研究 [J]. 草业学报，19 (3)：94-101.

周恒，时永杰，胡宇，等，2016. 不同生长年限紫花苜蓿地下生物量的空间分布格局 [J]. 中国草地学报，38 (2)：47-51.